空天隐蔽通信

安建平 著

国防工业出版社

·北京·

内 容 简 介

空天隐蔽通信系统使用空基和天基平台在全球范围内提供多场景、宽窄带融合的抗侦测双向无线传输服务，是国家战略信息基础设施的重要组成部分。本书聚焦空天隐蔽通信，考虑空天通信网络自身的特点与约束，从传输扩维、认知掩藏、协作跨域等角度出发，阐述了空天隐蔽通信的基础理论和关键技术，并对空天隐蔽通信的发展进行了展望。

本书适合从事空天通信、隐蔽通信技术研究的科研人员，以及高等学校电子信息工程、通信工程、通信与信息系统、信号与信息处理、网络空间安全等学科专业的高年级本科生和研究生阅读。

图书在版编目（CIP）数据

空天隐蔽通信 / 安建平著. —北京：国防工业出版社，2023.3
ISBN 978-7-118-12764-5

Ⅰ. ①空… Ⅱ. ①安… Ⅲ. ①通信系统-研究 Ⅳ. ①TN914

中国国家版本馆 CIP 数据核字（2023）第 060596 号

※

国防工业出版社 出版发行

（北京市海淀区紫竹院南路 23 号 邮政编码 100048）
北京龙世杰印刷有限公司印刷
新华书店经售

*

开本 710×1000 1/16 印张 11½ 字数 195 千字
2023 年 3 月第 1 版第 1 次印刷 印数 1—2000 册 定价 128.00 元

（本书如有印装错误，我社负责调换）

| 国防书店：(010)88540777 | 书店传真：(010)88540776 |
| 发行业务：(010)88540717 | 发行传真：(010)88540762 |

序一

  1945 年英国科学家、科幻作家阿瑟·克拉克发表在《无线电世界》杂志第 10 期上的文章《地球以外的中继站》，开辟了人类利用人造地球卫星实现远距通信的发展历程。随着人类社会发展，从面向人的联接到面向人机物三元融合的万物智联，从互联网到移动互联网再到卫星互联网，构建覆盖全球的空天地融合通信网络信息基础设施已经成为世界的关注焦点。特别是近年来，诸多低轨高密度卫星网络加快建设部署，围绕 6G 开展天地融合智能组网关键技术研究等，都展现了空天通信网络对人类社会未来发展的重要性。空天通信网络采用卫星等各类空天节点将地面网络拓展延伸到天上，具备广域覆盖、泛在智联、异构接入、鲁棒抗毁等优势，极大地拓展了传统地面通信网络的应用服务范围，已经成为突破时空疆界限制，拓展人类活动边界，促进社会经济发展的重大信息基础设施。

  有别于传统有线或地面无线网络，空天通信网络受到无线信道高度开放、电磁环境复杂易变、平台资源能力受限等约束，面临着更为严峻的安全挑战。特别是在当前全球对抗形势日趋激烈的背景下，制空间权争夺愈演愈烈，空天通信网络的安全问题日益凸显，一旦无法保障空天通信的安全性，国家主权与领土完整将受到严重威胁。为此，亟需研究面向空天通信网络安全通联的新理论、新方法和新技术，解决空天通信网络开放性带来的安全问题，筑牢国家未来生存和发展空间的战略高边疆。

  无线隐蔽通信是解决空天通信网络开放性引入安全问题的关键使能技术，其思想最早始于二十世纪五十年代中期出现的扩频技术，该技术利用扩频码序列扩展通信信号频谱，使得信号的功率谱密度足以降低到与背景噪声相当甚至更低的程度，使其湮没在噪声中达到通信行为隐匿的目的。安建平教授带领团队通过二十余年来的持续耕耘，创新发展了空天隐蔽通信的理论与技术体系，探索实践了通过立体空间无线资源深度挖掘保障高层级通信安全的工程实现途径，最终著就《空天隐蔽通信》学术专著的出版。本书在经典隐蔽通信理论基础上，拓展了多维域隐蔽通信的基础理论，指出了将通信信号能量在时、频、空、码和极化等不同维域上进行弥散来实现增加非法用户侦收难度的基本原理。在此基础理论指导下，结合空天应用场景的实际特点，本书介绍了低零谱隐蔽通信、电磁掩体辅助的隐蔽通信、跨域协同隐蔽通信等系列关键技术。同时，本书基于最新的智能通信理念提出了智能隐蔽通信技术，并结合空天通信网络面临的电磁对抗新形势，探讨了未来发展趋势。本书观点鲜明、条理清晰、示例丰富，对该研究领域的科研人员、工程技术人员有着重要的参考价值，企盼《空天隐蔽通信》这本专著能别开生面，以飨读者。

是为序。

中国科学院院士　尹浩

2023 年 2 月

序二

通信安全是信息时代国家安全的基石，安全通信技术在"看不见硝烟"的战线上捍卫着国家主权和核心利益。当前我国空天通信技术发展势头强劲，卫星互联网将为我国"新型基础设施建设"的之一。空天通信技术的发展，尤其是一系列低轨星座的规划与建设，不仅为国防信息系统的安全提供了保障，也能够有效地服务于社会治理、应急救灾等国民经济领域。与此同时，我国面临的国内外安全形势正发生着剧烈且深刻的变化，新型侦察和反制手段层出不穷，通信所面临的安全威胁日益严峻，亟需研究新型安全通信技术以掌握信息对抗的主动权。《空天隐蔽通信》一书的出版，体现了面向我国高可靠、抗侦测的安全战略通信需求，作者在多项国家重大项目的支持下，在隐蔽通信理论研究与工程实践方面取得了最新成果。

本书从隐蔽通信的起源出发，介绍了隐蔽通信的基本概念和内涵，提出了通信对抗新形势下隐蔽通信所面临的新需求。接着，以侦听方的先验知识为基础，系统性研究了通信信号隐蔽性度量理论与方法，得出了多维域隐蔽通信系统的性能边界，并从工程实践的角度提出了隐蔽通信系统性能极限的逼近方法。最后，作者围绕不断增强的信号侦测能力与节点受限的信号处理能力之间的矛盾，系统性地阐述了在掩体辅助、跨域协同和智能决策等新型隐蔽通信技术方面所做的创新工作，并对隐蔽通信的潜在技术方案与未来发展趋势做了展望。本书论述逻辑清晰，结构合理，内容丰富，兼具新颖性、专业性、实用性和可读性。相信本书的出版对从事隐蔽通信领域的研究、开发及技术人员具有重要参考价值。

中国工程院院士　黄殿中

2023 年 2 月

前言

　　空天通信网络能够突破地理环境限制实现空天地海信号的无缝覆盖,是我国重要的国家战略信息基础设施。随着应用场景和需求的日趋多样,空天通信网络中的通信安全问题日益凸显,对通信信号的多维域抗截获和抗侦测能力提出了新的挑战和要求。空天隐蔽通信能够保障通信双方的高层次安全通联需求,已成为当前的研究热点。

　　与传统隐蔽通信相比,空天隐蔽通信具有大时空尺度和高动态特性,面临电磁环境复杂、信道链路快变、平台资源受限等挑战。在电磁环境方面,空天通信易受大气环境与天气的影响,兼之空间频轨受限且卫星密度高,严重影响数据传输的可靠性。在信道链路方面,空天通信链路距离远大于地面通信链路,不可避免地带来更高的传播时延;同时,空天平台的大动态特性导致信号产生非线性失真。在平台资源方面,空天设备小型化、轻量化的特点导致其功耗和信号处理能力严重受限。上述因素严重制约了空天隐蔽通信的性能。

　　本书聚焦空天隐蔽通信,考虑空天通信网络自身的特点与约束,从传输扩维、认知掩藏、协作跨域等角度出发,阐述了空天隐蔽通信的基础理论和关键技术,并对空天隐蔽通信的发展进行了展望。本书首先阐述了隐蔽通信的起源和发展,介绍了空天隐蔽通信的研究价值和意义。然后,在传输扩维方面,从能量弥散的角度出发建立了多维域隐蔽通信基础理论,揭示了多维域隐蔽通信系统的可达性能极限,并介绍了低零谱隐蔽通信技术;在认知掩藏方面,分析了掩体隐蔽通信技术,通过对电磁环境进行认知并对隐蔽信号进行拟态发送,降低隐蔽信号的溯源概率;在协作跨域方面,研究了隐蔽条件约束下的跨域协同处理方法与信息交互机制。本书还介绍了智能隐蔽通信技术,探索了人工智能在隐蔽通信领域的应用。最后,结合空天通信网络所面临的电磁对抗新形势,分析了空天隐蔽通信的发展趋势和潜在技术方案。

　　本书面向对象主要为从事空天通信、隐蔽通信技术研究的科研人员,以及高等学校电子信息工程、通信工程、通信与信息系统、信号与信息处理、网络空间安全等学科专业的高年级本科生和研究生。

  在本书的撰写过程中，杨凯、王帅、丁海川、叶能、高晓铮、于季弘、张中山、卜祥元等提供了大量帮助，在此表示衷心的感谢！

  由于作者水平有限，书中难免存在疏漏与不妥之处，敬请读者批评指正。

安建平

2022 年 11 月

目录

第1章 空天隐蔽通信概述 ... 1
1.1 隐蔽通信的起源和发展 ... 1
1.1.1 香农的早期论述 ... 1
1.1.2 隐蔽通信的内涵 ... 2
1.1.3 隐蔽通信的发展 ... 2
1.1.4 相关概念辨析 ... 5
1.2 对抗形势下的隐蔽通信 ... 5
1.2.1 通信对抗新形势 ... 5
1.2.2 隐蔽通信新需求 ... 7
1.3 空天隐蔽通信系统 ... 8
1.3.1 系统架构 ... 8
1.3.2 典型场景与业务 ... 9
1.3.3 传播环境与挑战 ... 11
1.3.4 隐蔽性、可靠性、高效性矛盾 ... 11
1.4 空天隐蔽通信的技术特征 ... 12
1.4.1 传输扩维 ... 12
1.4.2 认知掩藏 ... 12
1.4.3 协作跨域 ... 12
1.5 本书章节介绍 ... 12
参考文献 ... 13

第2章 多维域隐蔽通信基础理论 ... 16
2.1 多维域隐蔽通信系统模型 ... 16
2.1.1 多维域隐蔽通信 ... 16
2.1.2 隐蔽通信系统模型 ... 18
2.1.3 无线信号传播模型 ... 19
2.2 侦听侧建模与隐蔽性度量 ... 20
2.2.1 侦听参数选择 ... 21
2.2.2 侦听过程建模 ... 21
2.2.3 隐蔽性度量 ... 26

2.3 多维域隐蔽通信性能 ··· 27
2.3.1 无限码长下的隐蔽通信性能 ··· 27
2.3.2 有限码长下的隐蔽通信性能 ··· 35
2.3.3 侦听信道质量信息对隐蔽通信性能的影响 ··· 38
2.4 多维域弥散与隐蔽通信速率 ··· 40
2.4.1 同质化信道质量下的多维域弥散 ··· 40
2.4.2 差异化信道质量下的多维域弥散 ··· 42
2.5 本章小结 ··· 43
参考文献 ··· 44

第3章 低零谱隐蔽通信 ··· 45
3.1 直接序列扩频技术 ··· 45
3.1.1 直接序列扩频系统模型 ··· 45
3.1.2 伪码构造与优选 ··· 46
3.1.3 直接序列扩频信号的快速同步 ··· 51
3.2 快跳扩隐蔽通信技术 ··· 66
3.2.1 快跳扩隐蔽通信系统模型 ··· 66
3.2.2 BPSK快跳扩信号的捕获 ··· 68
3.3 空天低零谱隐蔽通信 ··· 76
3.4 本章小结 ··· 77
参考文献 ··· 77

第4章 掩体隐蔽通信 ··· 79
4.1 掩体的分类 ··· 79
4.2 自掩体隐蔽通信技术 ··· 80
4.2.1 自掩体隐蔽通信系统模型 ··· 81
4.2.2 侦听方检测策略 ··· 82
4.2.3 自掩体隐蔽通信性能分析 ··· 83
4.2.4 数值仿真分析 ··· 87
4.3 全双工干扰辅助的合作掩体隐蔽通信技术 ··· 89
4.3.1 全双工干扰辅助的合作掩体隐蔽通信系统模型 ··· 90
4.3.2 侦听方检测策略 ··· 91
4.3.3 全双工干扰辅助的合作掩体隐蔽通信性能分析 ··· 91
4.3.4 数值仿真分析 ··· 94
4.4 环境掩体隐蔽通信技术 ··· 96
4.4.1 环境掩体感知 ··· 96
4.4.2 隐蔽信号拟态融合技术 ··· 98

    4.4.3 隐蔽信号可靠接收技术 100
    4.4.4 环境掩体隐蔽通信性能分析 105
  4.5 电磁掩体辅助的空天隐蔽通信应用 106
  4.6 本章小结 108
  参考文献 108

第5章 跨域协同隐蔽通信 110
  5.1 跨域协同隐蔽通信简介 110
  5.2 跨域协作约束与机制 111
    5.2.1 平台间交互与同步约束 111
    5.2.2 采样级交互 113
    5.2.3 信息级交互 113
    5.2.4 算法级交互 114
  5.3 上行多星协作隐蔽信号接收技术 115
    5.3.1 传统单星多用户协作检测系统模型 116
    5.3.2 协作检测算法设计 119
    5.3.3 性能评估 123
  5.4 下行多波束协作隐蔽传输技术 125
    5.4.1 多波束联合覆盖系统模型 126
    5.4.2 多波束协作调度方法 128
    5.4.3 性能评估 131
  5.5 星地协同隐蔽传输 134
    5.5.1 星强地巧联合隐蔽通信 134
    5.5.2 多星多终端组网渗流隐蔽通信 136
  5.6 本章小结 138
  参考文献 138

第6章 智能隐蔽通信 140
  6.1 深度学习与智能通信 140
  6.2 智能频谱预测 143
    6.2.1 基于长短期记忆网络的智能频谱预测算法 143
    6.2.2 实验结果及分析 146
  6.3 智能隐蔽通信波形设计 148
    6.3.1 基于生成对抗网络的隐蔽通信波形设计 149
    6.3.2 实验结果及分析 152
  6.4 智能多用户隐蔽通信接收机设计 154
    6.4.1 基于深度多任务学习的多用户通信系统端到端设计 155

6.4.2　信息论阐发的通用多用户接收机设计 ·············· 159
　6.5　智能功率控制与波束赋形 ························· 161
　　6.5.1　智能功率控制 ····························· 161
　　6.5.2　智能波束赋形 ····························· 162
　6.6　本章小结 ···································· 163
　参考文献 ······································ 163

第7章　展望 ···································· 165

　7.1　极低信噪比下的信号接收 ························· 165
　7.2　大容量空天隐蔽通信技术 ························· 166
　7.3　基于态势感知的隐蔽通信 ························· 167
　7.4　网络化隐蔽通信 ······························· 168
　7.5　空天隐蔽通信专用处理芯片 ······················· 169
　7.6　本章小结 ···································· 169

第 1 章 空天隐蔽通信概述

空天隐蔽通信使用卫星、高空平台和无人机作为转发器，在全球范围内提供多场景、宽窄带融合的抗侦测双向传输服务，是国家战略信息基础设施的重要组成部分。区别于常规安全通信，空天隐蔽通信不仅要求对通信内容和信息的安全保障，更加强调对通信行为、通信系统及其使用者本身的安全保障，同时确保"链路安全"、"系统安全"和"人员安全"。

本章概述空天隐蔽通信的基本概念。首先介绍隐蔽通信的起源，随后阐述隐蔽通信的新形势和新需求，据此指出空天隐蔽通信系统基本架构和关键技术特征，最后介绍全书的章节安排。

1.1 隐蔽通信的起源和发展

1.1.1 香农的早期论述

信息论创始人克劳德·香农（Claude Shannon）在其早期论文中给出了三类秘密通信系统（Secrecy Systems）的定义[1]：

（1）隐藏系统：通信方将消息以隐形墨水等不为第三方所知的形式隐藏在信号载体中，令敌方无法察觉到消息的存在，以达到信息隐蔽传输目的。

（2）隐私系统：通信方通过设计特殊的信号载体来改变消息的表现形式，例如语音倒置技术需要接收方使用特殊的解码器来恢复消息。

（3）加密系统：通信方将消息的内涵通过密码、代码等方法转变为不可识别的形式，敌方虽然可以察觉并拦截传输信号，但是无法解译出正确的信息。

相比于其他两种秘密通信系统，隐藏系统可以最大程度地隐藏传递的消息本身，从而保护通信双方的信息传输过程，防止通信信号被恶意侦听方发现，进而避免非合作用户对通信过程的干扰和破坏，提升无线通信系统的安全性。

1.1.2 隐蔽通信的内涵

无线通信信道具有开放特性和广播特性，信息易被非合作用户截获和攻击，传输过程存在安全威胁。隐蔽通信系统是隐藏系统面向无线通信的一类具体实现方式，可以有效保障无线通信的安全性。隐蔽通信演进自低检测概率（Low Probability of Detection，LPD）通信，它通过隐藏通信信号、通信设备和通信行为，避免传输过程被侦听方所察觉，在隐蔽性等安全约束下完成高效通信，被香农比作"隐形墨水"。隐蔽通信的目标是使侦听方以足够小的概率检测到信号传输的过程，一般通过向侦听方引入不确定性来降低检测概率，例如无线信道的随机性和背景噪声的不确定性等。

图 1.1 展示了最基本的隐蔽通信模型——囚徒模型，发送方向接收方发送秘密消息，二者为合法用户，侦听方对其通信过程进行检测并判决二者之间是否存在消息传输。发送方通过利用环境信号、添加人工噪声或者对侦听方进行干扰等方式，保证信息传输过程不被侦听方发现，同时确保接收方能正确识别出所传递的消息，以保障隐蔽通信能够顺利进行。隐蔽通信的性能指标主要有检测错误概率和隐蔽传输速率，其中前者为侦听方对传输行为的漏检和误检概率之和，用于衡量信息传输的隐蔽性；后者为系统不发生中断的情况下所达到的传输速率，用于衡量隐蔽通信下合法用户之间的传输能力。

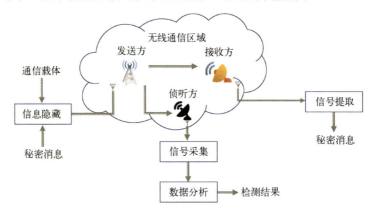

图1.1 隐蔽通信系统基本模型

1.1.3 隐蔽通信的发展

隐蔽通信作为近年来的研究热点，其基础理论不断完善，应用场景不断创新。

从基础理论角度，Bash 等首先对隐蔽通信的容量进行了理论分析，开辟了隐蔽通信信息论的先河。Bash 等于 2012 年发表了著名的"平方根定律"，他假设侦听方掌握信道的状态信息，在加性高斯白噪声（Additive White Gaussian Noise，AWGN）信道下推导出接收方在使用 n 次信道资源时最多可向接收方安全、可靠地传输 $O(\sqrt{n})$ 比特隐蔽信息，并需要 $O(\sqrt{n}\log n)$ 的共享密钥[2-3]。在此基础上，Che 等与 Wang 等分别把平方根定律扩展到二元对称信道（Binary Symmetric Channel，BSC）与离散无记忆信道（Discrete Memoryless Channel，DMC）。其中，Che 等假设了发送方与侦听方之间的信道差于发送方与接收方之间的信道的情况，并表明此时发送方与接收方不需要任何共享密钥[4]；Wang 等推导出了平方根定律的精确比例常数表达式[5]。Bloch 在 DMC 信道下对 Bash 给出的 $O(\sqrt{n}\log n)$ 共享密钥结果进行了一定改进，表明牺牲一定的通信质量可以将共享密钥减小到 $O(\sqrt{n})$。此外，他证明了消息与密钥大小对于 DMC 信道是渐进最优的，并将上述结果拓展到 AWGN 信道[6]。Wang 还对泊松信道下的平方根定律进行了探讨，分情况讨论了平方根定律成立的条件[7]。

由于在达到上述平方根定律的情况下，隐蔽信息传输速率趋于 0，因此又有研究集中于讨论如何使隐蔽通信实现正可达速率。2014 年，Bash 等考虑了侦听方对隐蔽信息传输时间没有先验信息的情况，他假设发送方在 AWGN 信道下的 $T(n)$ 个时隙中选择一个时隙进行传输，此时可将平方根定律提升为 $O\left(\min\left\{\sqrt{n\log T(n)},n\right\}\right)$[8-9]。同样面向具备时间先验优势的隐蔽通信场景，Arumugam 等[10]与 Dani 等[11]将上述结论拓展到 DMC 信道与 BSC 信道。此外，Goeckel 等证明了在这种时间先验优势的模型下，即使侦听方对噪声功率未知，也不能提升可靠传输的隐蔽信息比特[12]。除了利用时间先验优势外，Lee 等[13]、He 等[14]、Hu 等[15]利用噪声不确定性，Ta 等[16]、Shahzad 等[17]利用衰落信道下的信道不确定性同样实现了隐蔽通信的正可达速率。

以上的理论研究大多都基于无限块长的理想前提假设，考虑到在实际信息传输中所使用的有限块长情况，对有限块长假设下的隐蔽通信研究也逐步发展。2017 年，Yan 等研究了块的长度对隐蔽通信中接收方的最大可达速率和侦听方的检测性能的影响，并讨论了使用随机发射功率提升隐蔽通信的性能[18-19]。Tang 等研究了在信道系数保持不变的慢衰落信道下有限块长隐蔽通信的可达速率，根据具有较大传输块的 AWGN 信道的平方根定律，在误码率与检测错误概率约束下给出了可靠传输比特的精确表达式[20]。Lu 等同样在有限块长的假设下考虑了隐蔽信息发送概率服从泊松分布的情况，推导了隐蔽性约束、平均包错误概率和有效隐蔽吞吐量的封闭表达式[21]。Yang 等还提出了隐蔽信息年龄（Covert Age of Information，CAoI）的概念，并推导出了 AWGN

信道[22]下平均 CAoI 的封闭表达式。

在多用户信道方面，Arumugam 等于 2016 年将平方根定律拓展到离散无记忆多址信道，证明了在拥有多个发送方的情况下，每个用户使用 n 个信道能够可靠传输的隐蔽信息比特数仍然遵循 $O(\sqrt{n})$，并给出了 k-用户二进制输入多接入信道的隐蔽容量区域的完整表示[23-24]。Cho 等将上述结果推广到高斯情况和多检测器的情况[25]。Tan 等和 Arumugam 等也讨论了多接收方情况下的隐蔽传输能力。其中，Tan 等假设了两个合法的接收方和一个侦听方，并给出了一个时分策略，以实现一类广播信道的最佳吞吐量[26]。Arumugam 等考虑了一个接收方和一个侦听方，并确定了隐蔽比特数对信道参数和无辜码本特征的依赖关系[27]。此外，Kim 等还利用了发送到不同接收器消息的多样性，实现了向一个用户进行正速率的隐蔽信息传输[28]。

在最优信号方面，Yan 等于 2019 年证明，在均值功率约束下，高斯信号是最大化信息传输速率同时最优化隐蔽性的发射信号形式[29]。上述隐蔽通信理论研究的发展脉络梳理于图 1.2 中。

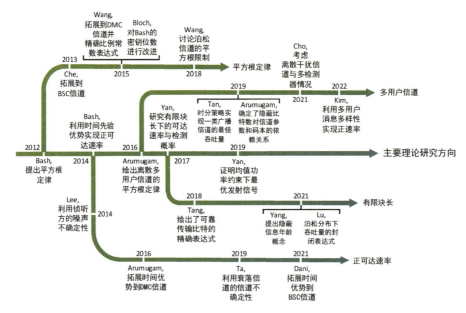

图 1.2 隐蔽通信理论研究发展脉络

近年来，隐蔽通信领域研究成果日渐丰硕，除上述理论外，隐蔽通信还经常利用其他方法进行辅助，如引入中继、干扰器、全双工接收机等。对于存在多个辅助中继的场景，可以建立从隐蔽信息发送方到接收方的多跳路径。在这条路径上，中继之间的距离很短，因此每个中继都能够以较小的发射功率进行隐蔽传输，以降低其被检测到的概率。物理层技术也常被用于与隐蔽通信相结合，如使用扩频、多输入多输出（Multiple Input Multiple Output，MIMO）、非正交多址（Non-Orthogonal Multiple Access，NOMA），智能反射面（Intelligent Reflecting Surface，IRS），后向散射等技术来提高隐蔽性能。

1.1.4 相关概念辨析

作为保障无线传输安全性能的另一种常用技术，物理层安全（Physical-Layer Security）技术用无线信道干扰、衰落、噪声的随机性等物理特性对消息进行适当的编码和信号处理，使得合法信道与侦听信道的差异最大化，保证机密消息仅由预期的接收方解码得到，降低被侦听方破译的可能性，从而提升无线传输的安全性。相比于上层的加密技术，物理层安全技术充分利用信道特性，不依赖固定的密钥策略，具有更高的传输安全性；另外，物理层安全技术也不需要在其他层上执行安全协议，减少了通信资源以及基础设施的消耗，具有良好的保密性和有效性。

物理层安全技术可降低传输消息被侦听方正确解码的概率，提升无线通信的保密性能，保障传输内容的安全性。然而，物理层安全技术缺乏对信息传输过程的保护机制，仍然会暴露通信链路中各用户的位置，导致侦听方能够对传输信号进行拦截、干扰和破坏，难以保障合作用户的安全性。因此，在无线通信网络中，需要考虑对侦听方隐藏信号传输过程，使其无法察觉到保密消息的传输意图，从而同时保证传输内容和通信链路的安全性。

相比于物理层安全技术和密码技术，隐蔽通信可同时实现对传输过程以及消息内容的保护，可防止暴露通信链路节点的位置，避免侦听方对合法用户进行攻击和干扰，从源头上解决了无线信息传输的安全性问题。目前隐蔽通信已广泛应用于水下通信、军事通信、认知无线电等具有高安全需求的领域。

1.2 对抗形势下的隐蔽通信

1.2.1 通信对抗新形势

伴随人类文明从工业社会迈向信息社会，无线电磁信号已经成为信息交互、知识传递、智能连接的核心承载。特别是在军事对抗活动中，电磁信号是信息化作战的载体，随着战场电磁环境日趋复杂，电磁频谱战已成为现代战争中最关键的作战域之一。电磁频谱战是指依托电磁空间进行对抗、保护己方人员设备用频安全并攻击敌方占用频谱的军事行动，核心能力包括电磁空间的态势感知、安全通信、频谱管控和认知电子战等，其效能主要依赖于战场环境下的无线网络能力。电磁频谱是连接空天地海等各域作战系统的纽带,已成为各军事强国争夺的制高点。

随着信息作战对电磁频谱的依赖性越来越高,美军已经将电磁频谱空间视为与陆、海、空、天、赛博并列的第六作战域,试图与其他国家开展长期竞争。电磁频谱空间作战通常利用无线通信网络、态势感知网络的弱点,意图在发生冲突时切断工作在电磁频谱上的军事网络,阻止敌方有效利用电磁频谱,实现战场中"制电磁权"的获取。面向电磁频谱空间作战,美军目前正在研究用于对抗敌方有源和无源传感器、低截获概率/低检测概率传感器与通信系统的作战方式,以降低己方探测设备被对方反探测的概率,在电磁频谱竞争中确立优势地位。图 1.3 总结了两种新型通信网络探测形式。

图 1.3 ┃ 无源与多基地无线探测概念图

第一种方式是利用无源传感器来探测敌方的射频和红外辐射。通过对分散的多个有人或无人平台接收的辐射信号进行三角测量,或对无源传感器接收的电磁辐射信号的多普勒频移进行分析,可以确定敌方辐射源的位置。在敌方设备只在接收到传感器信号才发射信号的情况下,可以利用诱饵辐射信号触发敌方的火控雷达等探测设备开机并发射信号,然后引导己方的无源传感器对敌方设备进行定位。例如,美军的诱饵设备可以模拟各种战机编队,并通过加载双向数据链,使其具备根据战场情况随时调整作战任务的能力,作战灵活性和诱骗效果逼真度不容小觑。

第二种方式是利用多基地技术来定位敌方平台和系统。敌方部分平台和系统不主动发射电磁信号,难以被己方检测到。在这种情况下,可以采用一个辐射平台向可疑目标发送射频或红外信号,然后由己方其他无源传感器接收反射信号,通过多基地联网确保己方接收方知晓辐射源的位置及其照射脉冲的特征,从而为下一步的攻击或防御行动做好准备。在联网环境下,打击部队可使用网络化的精确制导武器,实现自动协调攻击来对抗一组目标。这些武器可以传递目标信息,并能在飞行中自适应地重新确定目标,以弥补其他武器被拦截所形成的空缺。

总而言之,随着半导体、计算机、人工智能等技术的逐年发展,高速信号处理设备能力的提升,以及世界各国部队通信侦察理念与机制的持续演进,通信系统面临持续增长的威胁。在复杂多变的战场电磁环境下,为提高通信平台的生存概率,针对上述敌方可能部署的电子支援设备,需要战术通信网络具备隐蔽通信的能力,避免电磁信号传输过程被敌方侦听到,以保护我方的人员和通信设施,保障信息传输的可靠性和安全性,提升信息化作战的能力。

1.2.2 隐蔽通信新需求

相比于 1.1 节提到的经典隐蔽通信信道模型,战场环境具有复杂异构、高度动态等特点,通感设备难以对信道状况进行准确的认知,这对隐蔽通信系统的设计提出了新的需求。

为全方位提升战术场景下通信的安全性,隐蔽通信系统需要具备以下特征:

(1)信号隐藏:防止通信信号被恶意侦听方发现,降低侦听方对信号的检测概率,以保护信息传输过程,避免侦听方对通信链路施加恶意干扰。

(2)装置隐匿:防止通信设备被恶意侦听方察觉,干扰敌方传感器对设备的位置和运动状态的感知过程,避免侦听方对我方装备进行恶意攻击。

(3)行为隐秘:防止通信意图被恶意侦听方认知,从源头上避免侦听方对通信链路实施拦截和干扰,提升战术场景下的通信可靠性和安全性。

近年来卫星通信系统呈现爆发式的研究和发射热潮,必将成为战略通信的核心。当前全球军事对抗形势日趋严峻,制空权争夺愈演愈烈,卫星通信的安全问题日益凸显,一旦无法保障卫星通信的安全性,国家主权与领土完整将受到严重威胁。另外,随着卫星发射数量的增加,近地空间将异常拥挤,卫星碰撞概率急剧增大,将给全球卫星带来巨大的潜在威胁,给整个立体空间带来难以估量的后果。

为解决上述问题,需要在卫星空间资源严重受限和安全威胁日益严峻的条件下,利用已有的全局卫星资源探索新的战略通信维度,提升空天通信安全性能,从而为我国的战略通信提供支撑。卫星隐蔽通信可确保高层级通信安全,是实现立体空间资源深度挖掘的有效途径。

1.3 空天隐蔽通信系统

1.3.1 系统架构

以卫星通信为代表的空天通信网络可实现包括森林、海洋、偏远山区等在内的全球全方位的覆盖,在多维度多层次尺度进行全空间范围内的信息交互,是满足未来泛在无线、智联万物发展需求的关键使能技术。图 1.4 展示了空天通信网络系统的基本架构,空天网络从空间上可以划分为天网和空网,这两个部分可以独立运行,也可以互操作。通过在这两个网段之间集成异构网段,可以构建广域覆盖、泛在接入的分层宽带无线网络。

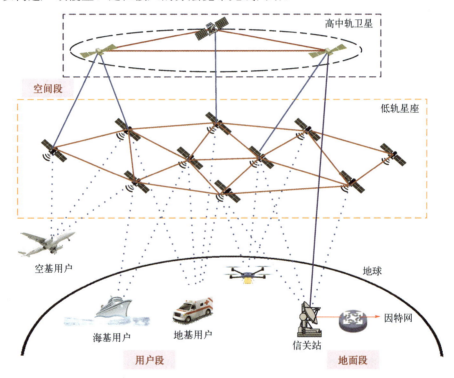

图 1.4 空天通信网络系统架构示意图

天网由卫星和星座及其相应的地面基础设施(如地面站,网络运营控制中心)组成。这些卫星和星座处于不同的轨道,具有不同的特性。根据离地面高度,卫星可分为三类:地球同步轨道(Geostationary Earth Orbit,GEO)卫星、中地球轨道(Middle Earth Orbit,MEO)卫星和低地球轨道(Low Earth Orbit,

LEO）卫星。此外，还可以根据卫星网络的信道带宽将其分为窄带卫星和宽带卫星。

空网是一种空中移动系统，通常以由无人机、飞艇和气球构成的高空和低空平台为主要基础设施进行信息获取、传输和处理，可以提供宽带无线通信以补充地面网络。与地面网络中的基站相比，空中网络具有易于部署和覆盖范围广的特点，可以在区域范围内提供无线接入。

1.3.2 典型场景与业务

空天隐蔽通信能实现敏感信息的全球范围、不留痕、高安全传递，是保障国家安全等重大应用的通联"生命线"。

相比于传统地面通信网络，空天通信网可以保证数据传输的隐蔽性，使能各种秘密通信业务。在地面网络中，由于基站数目过多，任一基站发生故障或被安装侦听设备时，都会导致传输信息的泄露；而在空天通信网中，加密数据可以通过天基骨干网和天基接入网进行直接传输，且高空飞行器和卫星的数据链路更为安全，不受自然条件影响，更难被非合作侦听方截获，因此，基于空天通信网可以构建安全的通信链路，提升隐蔽通信效能。

空天隐蔽通信因其保密性强等优势，在军民领域均发挥着重要作用。图1.5展示了空天隐蔽通信的部分军用场景。卫星、无人机通过通信信号扩频、添加人工噪声、对非合作节点施加干扰等方式，保证机密消息可在战斗机、舰船等军用设备之间进行隐蔽传输，避免被侦听方察觉、入侵和干扰，提升信息传输的安全性，实现战场局势的及时获取和反馈。

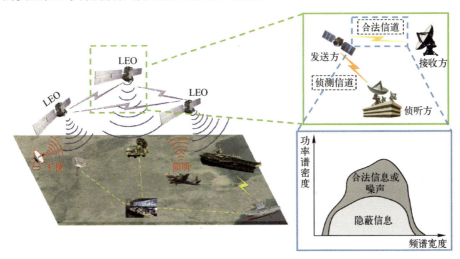

图 1.5 空天隐蔽通信场景

在民用层面，空天隐蔽通信可实现对大规模人群或地区的实时监管，对重点防控地区进行全方位无死角的人员流动监控以及实时周边环境信息的采集，提升对涉恐暴乱等重大安全事件的侦听和研判能力。另外，面对抗震救灾、远洋运输、极地科考、护航任务等恶劣通信环境，空天隐蔽通信可充分发挥其全球覆盖以及全天时全天候服务的优势，建立安全隐蔽的应急通信链路，防止国家机密的泄露，保障各项任务的顺利开展。

在传输业务方面，一方面，空天隐蔽通信可以使能各类窄带传输业务，保障态势感知信息、定位导航信息、战场攻击指令等短消息的安全传输，达到不被侦听方发现的目的，在军事通信、偏远地区网络接入、航空机载通信、卫星物联网等领域开拓新的空间；另一方面，空天隐蔽通信可增强宽带传输业务的可靠性和安全性，为卫星电视直播、无线电广播、实时地图共享等大容量业务建立安全完备的通信链路，增强其抗干扰和抗截获效能，提升宽带用户的体验。图 1.6 展示了空天隐蔽通信的部分传输业务。

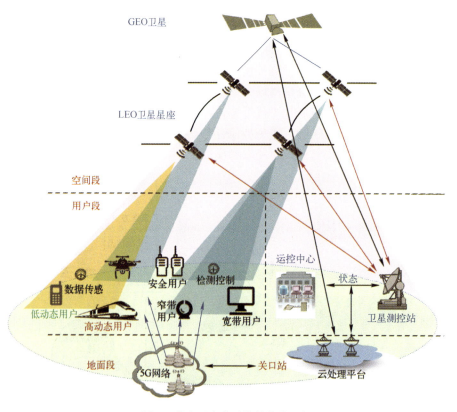

图 1.6 ▌空天隐蔽通信的传输业务

1.3.3 传播环境与挑战

虽然空天隐蔽通信具有覆盖面广、应用灵活等优势,但是空天场景还具有电磁环境复杂、信道链路动态、平台资源受限等特征,导致空天隐蔽通信难以充分发挥其效能,是亟须解决的技术难题。空天隐蔽通信面临的主要挑战如下:

(1) 电磁环境复杂:空天设备虽然不受地面客观条件的影响,但是高空或太空下的电磁环境复杂多变,一方面,数据传输易受高层大气天气的影响,特别是高频段下会产生较强的雨衰,同时日凌和星蚀太阳活动会导致电磁波传输紊乱,造成通信中断等现象;另一方面,太空轨道中的星位受限,卫星密度较高,通信极易受到其他卫星的电磁波干扰,影响数据传输的可靠性。

(2) 信道高度动态:由于卫星、无人机等平台距地面较远,因此空天通信链路远长于地面通信,不可避免地带来了较高的传输时延和回波干扰;同时,空天设备与地面设备间具有较高的径向相对速度,它们之间的复杂相对运动引入了高阶多普勒,信道状态变化剧烈,导致传输信号产生非线性失真;另外,空天传输的大时空尺度导致波束拓扑、业务流量、链路损耗、干扰强度等具有较大的动态范围,难以确保用户接入和资源调度的有效性。

(3) 平台资源受限:由于无人机、通信卫星的天基平台具有小型化、轻量化等特点,功率、硬件等资源严重受限,影响了平台的通信、计算和处理能力;另外,星上通信载荷的成本较高,使用寿命较短,且对器件具有较高的抗干扰、抗辐射能力要求,难以进行持续的更新和维护,导致空天隐蔽通信的性能受限。

1.3.4 隐蔽性、可靠性、高效性矛盾

除了客观传输环境带来的挑战,隐蔽通信自身的性能也存在矛盾关系,制约了系统整体性能。隐蔽通信的性能主要有隐蔽性、有效性、可靠性三类,前文所述检测错误概率是侦听方不能侦听到信号传输过程的概率,用于衡量传输的隐蔽性;隐蔽容量表征了信息隐蔽传输下所能达到的最大通信速率,描述了隐蔽通信载体的传输能力,用于衡量隐蔽通信的有效性;另外,合法用户接收方需要尽可能准确地解译出秘密消息,降低外界对信息本身的干扰和破坏,保证隐蔽通信的传输质量,即提升隐蔽传输的可靠性。

隐蔽通信的隐蔽性、有效性、可靠性三大性能指标之间存在相互制约的关系。从物理意义上看,利用环境掩体、添加人工噪声等隐蔽算法是对传输载体的修改,当载体的传输总数据量一定时,用于隐藏秘密消息的编码、噪声越多,越不容易被侦听方察觉,信号传输的隐蔽性越好,但同时也会挤占有用信息的传输空间,限制信息传输速率,降低隐蔽通信的有效性;同时,隐蔽算法也会增加合法接收方解译的难度,制约隐蔽通信的可靠性;此外,根据香农理论,

信息传输的有效性和可靠性本身就存在制约关系。因此，隐蔽通信的各类性能难以达成整体的优化，需要根据实际场景需求设计相应算法，在隐蔽性、有效性、可靠性之间实现权衡。

1.4 空天隐蔽通信的技术特征

1.4.1 传输扩维

空天通信网络节点分布广泛、体系结构复杂、信道开放透明、拓扑动态变化，其数据传输、信息服务等更易受到来自外部的自然干扰和恶意攻击。为实现空天隐蔽传输，需要将信号能量扩展到空、码、时、频、极化等多个维度进行传输，降低信号的溯源概率。具体而言，空域采用跟踪点波束减少可侦听能量，时域采用短时突发缩短可侦听窗口，频域和码域采用极低发射功率谱密度和准随机信号增加能量侦收难度，极化域采用动态变化的极化方式降低信号被侦听概率。

1.4.2 认知掩藏

空天通信具有复杂多变的电磁环境，隐蔽信号传输面临严峻挑战。为提升对传输环境的适配能力，可通过对空天电磁环境进行认知，获取辐射强度、辐射源位置、空间密度、目标动态等电磁参数，并基于此对秘密消息进行适当的编码和信号处理，在信号中引入随机性等物理特性，实现信号的拟态隐藏，降低传输信号的溯源概率，提升空天通信的隐蔽性。

1.4.3 协作跨域

空天通信网络的节点数目众多，且每个节点的检测能力、传输信道和接收信息等属性具有显著差异，可利用节点属性的差异化有效提升传输性能，同时确保侦听方的低溯源概率，实现协作跨域的安全传输。一种可行的方法是利用信道预编码保证在合法接收方处汇聚的信号功率超过其检测阈值，同时保证在侦听方处弥散的信号功率低于检测阈值，实现基于信道差异的高效能隐蔽通信。

1.5 本书章节介绍

本书立足隐蔽通信理论模型，根据空天通信的现实约束，重点阐述空天隐蔽通信基础理论、关键技术和实现，以及未来展望。本书内容总共分为七章，整体安排如下。

第 1 章阐述隐蔽通信的起源、定义、指标等基础理论,并介绍空天通信的应用背景以及面临的主要挑战,明确空天隐蔽通信的研究动机。

第 2 章从能量弥散的角度引入多维域隐蔽通信基础理论,建立多维域隐蔽通信系统的数学模型,揭示多维域隐蔽通信系统的可达性能极限,为后续多维域隐蔽通信系统的设计提供理论指导。

第 3 章介绍低零谱隐蔽通信技术,在第 2 章基础理论的指导下,重点介绍直接序列扩频和快跳扩隐蔽通信技术,并结合空天应用场景的实际特点展望空天低零谱隐蔽通信。

第 4 章介绍掩体隐蔽通信技术,根据电磁掩体的来源分类,重点介绍自掩体隐蔽通信技术、全双工干扰辅助的合作掩体隐蔽通信技术以及环境掩体隐蔽通信技术,并介绍电磁掩体辅助的空天隐蔽通信应用案例。

第 5 章介绍跨域协同隐蔽通信技术,研究隐蔽条件约束下的跨域协同处理算法和信息交互机制,介绍上行多星协作隐蔽信号接收技术、下行多波束协作隐蔽传输技术以及星地协同隐蔽传输技术。

第 6 章介绍智能隐蔽通信技术,分析深度学习与无线通信间的内在联系,从信号生成和信号接收两个维度初步探索人工智能技术在隐蔽通信领域的应用效果,并简要介绍智能功率控制和波束赋形技术在空天隐蔽通信领域的应用前景。

第 7 章结合空天通信系统所面临的电磁对抗新形势,探讨空天隐蔽通信的发展趋势与潜在技术方案。

参 考 文 献

[1] Shannon C E. Communication Theory of Secrecy Systems[J]. The Bell System Technical Journal, 1949, 28(4): 656-715.

[2] Bash B A, Goeckel D, Towsley D. Square Root Law for Communication with Low Probability of Detection on AWGN Channels[C]// IEEE International Symposium on Information Theory Proceedings, 2012: 448-452.

[3] Bash B A, Goeckel D, Towsley D. Limits of Reliable Communication with Low Probability of Detection on AWGN Channels[J]. IEEE Journal on Selected Areas in Communications, 2013, 31(9): 1921-1930.

[4] Che P H, Bakshi M, Jaggi S. Reliable Deniable Communication: Hiding Messages in Noise[C]// IEEE International Symposium on Information Theory, 2013: 2945-2949.

[5] Wang L G, Wornell G W, Zheng L Z. Fundamental Limits of Communication with Low Probability of Detection[J]. IEEE Transactions on Information Theory, 2016, 62(6):

3493-3503.

[6] Bloch M R. Covert Communication over Noisy Channels: A Resolvability Perspective[J]. IEEE Transactions on Information Theory, 2016, 62(5): 2334-2354.

[7] Wang L G. Covert Communication over the Poisson Channel[J]. IEEE Journal on Selected Areas in Information Theory, 2021, 2(1): 23-31.

[8] Bash B A, Goeckel D, Towsley D. LPD Communication When the Warden Does Not Know When[C]// IEEE International Symposium on Information Theory, 2014: 606-610.

[9] Bash B A, Goeckel D, Towsley D. Covert Communication Gains from Adversary's Ignorance of Transmission Time[J]. IEEE Transactions on Wireless Communications, 2016, 15(12): 8394-8405.

[10] Arumugam K S K, Bloch M R. Keyless Asynchronous Covert Communication[C]// IEEE Information Theory Workshop, 2016: 191-195.

[11] Dani V, Ramaiyan V, Jalihal D. Covert Communication over Asynchronous Channels with Timing Advantage[C]// IEEE Information Theory Workshop, 2021: 1-6.

[12] Goeckel D, Bash B A, Guha S, et al. Covert Communications When the Warden Does Not Know the Background Noise Power[J]. IEEE Communications Letters, 2015, 20(2): 236-239.

[13] Lee S W, Baxley R J, Weitnauer M A, et al. Achieving Undetectable Communication[J]. IEEE Journal of Selected Topics in Signal Processing, 2015, 9(7): 1195-1205.

[14] He B, Yan S, Zhou X, et al. On Covert Communication with Noise Uncertainty[J]. IEEE Communications Letters, 2017, 21(4): 941-944.

[15] Hu J, Yan S, Zhou X, et al. Covert Communications without Channel State Information at Receiver in IoT Systems[J]. IEEE Internet of Things Journal, 2020, 7(11): 11103-11114.

[16] Ta H Q, Kim S W. Covert Communication under Channel Uncertainty and Noise Uncertainty[C]// IEEE International Conference on Communication, 2019: 1-6.

[17] Shahzad K, Zhou X. Covert Wireless Communications under Quasi-Static Fading with Channel Uncertainty[J]. IEEE Transactions on Information Forensics and Security, 2020, 16: 1104-1116.

[18] Yan S, He B, Cong Y, et al. Covert Communication with Finite Blocklength in AWGN Channels[C]// IEEE International Conference on Communications, 2017: 1-6.

[19] Yan S, He B, Zhou X, et al. Delay-Intolerant Covert Communications with Either Fixed or Random Transmit Power[J]. IEEE Transactions on Information Forensics and Security, 2019, 14(1): 129-140.

[20] Tang H, Wang J, Zheng Y R. Covert Communications with Extremely Low Power under Finite Block Length over Slow Fading[C]// IEEE Conference on Computer Communications Workshops, 2018: 657-661.

[21] Lu X, Yang W, Yan S, et al. Joint Packet Generation and Covert Communication in Delay-Intolerant Status Update Systems[J]. IEEE Transactions on Vehicular Technology, 2022, 71(2): 2170-2175.

[22] Yang W, Lu X, Yan S, et al. Age of Information for Short-Packet Covert Communication[J]. IEEE Wireless Communications Letters, 2021, 10(9): 1890-1894.

[23] Arumugam K S K, Bloch M R. Keyless Covert Communication over Multiple-Access Channels[C]// IEEE International Symposium on Information Theory, 2016: 2229-2233.

[24] Arumugam K S K, Bloch M R. Covert Communication over a K-User Multiple-Access Channel[J]. IEEE Transactions on Information Theory, 2019, 65(11): 7020-7044.

[25] Cho K H, Lee S H, Treating Interference as Noise is Optimal for Covert Communication Over Interference Channels[J]. IEEE Transactions on Information Forensics and Security, 2021, 16: 322-332.

[26] Tan V Y F, Lee S H. Time-Division Is Optimal for Covert Communication over Some Broadcast Channels[J]. IEEE Transactions on Information Forensics and Security, 2019, 14(5): 1377-1389.

[27] Arumugam K S K, Bloch M R. Embedding Covert Information in Broadcast Communications[J]. IEEE Transactions on Information Forensics and Security, 2019, 14(10): 2787-2801.

[28] Kim S W, Ta H Q. Covert Communications over Multiple Overt Channels[J]. IEEE Transactions on Communications, 2022, 70(2): 1112-1124.

[29] Yan S, Cong Y, Hanly S V, et al. Gaussian Signalling for Covert Communications[J]. IEEE Transactions on Wireless Communications, 2019, 18(7): 3542-3553.

第 2 章 多维域隐蔽通信基础理论

多维域隐蔽通信系统以直接序列扩频技术为基础,将通信信号能量在时、频、空、码和极化等不同的维域上进行弥散,从而增加非法用户的能量侦收难度,降低信号被侦测的概率。本章旨在揭示多维域隐蔽通信系统的可达性能极限,为多维域隐蔽通信系统的设计提供理论上的指导。2.1 节从具体的通信过程出发建立多维域隐蔽通信系统的数学模型。在此基础上,2.2 节以侦听方先验知识为抓手结合信号检测理论刻画侦听方的信号侦测能力,给出通信信号的隐蔽性度量。2.3 节根据 2.2 节的结果结合信息论分析和揭示多维域隐蔽通信系统的可达性能极限。2.4 节运用上述分析结果进一步探讨侦听方已有的先验信息和信道质量对通信信号隐蔽性的影响。2.5 节对本章的主要结果进行梳理和总结。

2.1 多维域隐蔽通信系统模型

本节从具体的通信过程出发深入挖掘多维域隐蔽通信系统的数学内涵,并以此为基础建立多维域隐蔽通信系统的数学模型。

2.1.1 多维域隐蔽通信

多维域隐蔽通信通过将发送信号的能量弥散在时、频、空、码、极化等多个不同的维域以避免过多的信号能量被侦听方所截获,使得侦听方难以获得足够多的能量来完成信号检测,从而增强了通信信号的隐蔽性。为了将信号能量在不同的维域进行弥散,发送方首先采用直接序列扩频的方式将发送信号的能量进行分散。如图 2.1 所示,原本发送一个符号 s_i,$i \in \{1,2,\cdots,I\}$,所需的能量被分散至 N_c 个码片,N_c 的取值由扩频比决定。为便于后续的讨论,记第 i 个符号的 N_c 个码片为 $s_{i,1},\cdots,s_{i,n},\cdots,s_{i,N_c}$,其中,$s_{i,n}$ 包含了对应码片的幅值和相位。

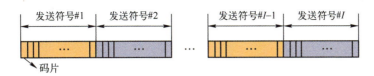

图 2.1 ▎基于直接序列扩频的信号能量分解

发送方通过控制信号的发送时间、频率、波束赋形向量、极化方式和扩频码字将 $s_{i,n}$, $i \in \{1,2,\cdots,I\}, n \in \{1,2,\cdots,N_c\}$，弥散至高维信号空间中进行发送，以降低信号被侦测的概率。图 2.2 以跳频和时域猝发为例讲述了信号序列 s_1, s_2, s_3, s_4, s_5 的发送过程。如图 2.2 所示，由于并不完全掌握信号的发送时间和频率，因此侦听方仅能接收到 s_5。在噪声的作用下，侦听方通过 s_5 完成信号检测的难度将会大大增加。

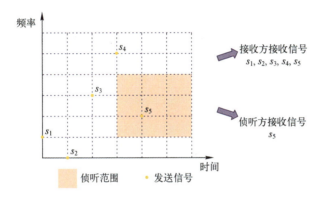

图 2.2 ▎多维域隐蔽通信示意图

除了跳频和时域猝发外，多维域隐蔽通信在空域上采用跟踪点波束来减少侦听方收到的能量，在码域上通过增大扩频码字的选用范围增加侦听方在码域的搜索空间，在极化域上通过动态地改变信号的极化方式来提高侦听方的能量收集难度。图 2.3 展示了上述过程的具体实现方式。

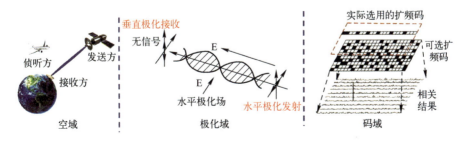

图 2.3 ▎空域、极化域和码域示意图

2.1.2 隐蔽通信系统模型

根据 2.1.1 节的介绍可知，可以采用图 2.4 中的模型对多维域隐蔽通信系统进行描述。需要特别指出，图 2.4 中的模型为多维域隐蔽通信系统在数字域的等效模型。经过直接序列扩频和发送参数调节后，发送方向接收方发送长度为 IN_c 的序列 $x_1, x_2, \cdots, x_{IN_c}$。由于接收方已经通过前期的信息共享获取了发送序列的起止时刻、频段、发送方向、极化方式和扩频码字等信息，所以可以认为接收方收到的是叠加了噪声后的信号序列 $y_{Rx,1}, y_{Rx,2}, \cdots, y_{Rx,IN_c}$，即

$$y_{Rx,j} = h_{Rx,j} x_j + z_{Rx,j}, \forall j = 1, 2, \cdots, IN_c \tag{2.1}$$

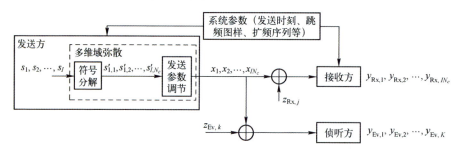

图 2.4 多维域隐蔽通信系统模型

式中：$h_{Rx,j}$ 代表 x_j 经过发送方与接收方之间的信道传播后所受到的衰减；$z_{Rx,j} \sim \mathcal{CN}(0, \eta_{Rx} W_{Rx})$ 是接收方处的噪声，服从均值为 0 方差为 $\eta_{Rx} W_{Rx}$ 的循环对称复高斯分布，其中 η_{Rx} 是接收方处的噪声功率谱密度，W_{Rx} 是信号带宽。为便于理解，在式（2.1）和接下来的讨论中仅考虑发送信号为窄带信号的情况，即发送信号的带宽小于信道的相干带宽。在侦听方进行信号侦收的时段内，其所接收到的序列 $y_{Ev,1}, y_{Ev,2}, \cdots, y_{Ev,K}$ 为

$$y_{Ev,k} = h_{Ev,k} x_k + z_{Ev,k}, \forall k = 1, 2, \cdots, K \tag{2.2}$$

式中：$z_{Ev,k}$ 是侦听方处的噪声，服从均值为 0 方差为 $\eta_{Ev} W_{Ev}$ 的循环对称复高斯分布，其中 η_{Ev} 是侦听方处的噪声功率谱密度，W_{Ev} 是侦听方接收机的带宽；$h_{Ev,k}$ 是 x_k 经过发送方与侦听方之间的信道传播后所受到的衰减；K 是侦听方在信号侦收时段内所生成的采样点个数，代表侦听方进行信号侦测的时长。与接收方不同，侦听方通常难以准确地掌握发送信号的相关参数。因此，当侦听方所选取的侦收参数和发送信号参数不一致时，$h_{Ev,k} = 0$。在式（2.2）中，假设侦听方能够按照发送信号的码片速率对接收信号进行采样，并且采样时刻与发送信号码片的起止时刻对齐，即 K 代表了侦听方所能截获的最大码片个数。这一假设不仅能够极大地简化多维域隐蔽通信系统的数学建模，还能够保证后续

有关多维域参数对隐蔽通信性能影响的讨论。

接收方的目的是从 $y_{\text{Rx},1}, y_{\text{Rx},2}, \cdots, y_{\text{Rx},IN_c}$ 中恢复发送信号，而侦听方的目的是根据 $y_{\text{Ev},1}, y_{\text{Ev},2}, \cdots, y_{\text{Ev},K}$ 判断周围环境中是否有信号在传输。进行隐蔽通信的设备需要在保证侦听方无法侦测到数据传输的情况下完成信息的传递。由于背景噪声的存在，侦听方实现信号侦听的本质是辨别序列 $y_{\text{Ev},1}, y_{\text{Ev},2}, \cdots, y_{\text{Ev},K}$ 完全由噪声产生还是叠加有发送信号。由式（2.2）可知，侦听方对于多维域隐蔽通信信号的侦测能力受到其所掌握的发送信号参数信息多寡的制约。如果侦听设备的参数设置不准确，序列 $y_{\text{Ev},1}, y_{\text{Ev},2}, \cdots, y_{\text{Ev},K}$ 可能完全由噪声所产生。此外，侦听方的侦测能力还受到接收序列信噪比和信号侦测方式的影响。发送信号在侦听设备处所产生的信噪比越高，则侦听方越容易检测到通信信号的存在。侦测方式的选择决定了侦听方对于目标信号能量的利用效率。例如，在扩频码已知的情况下，侦听方可以通过相干累积的方式提升目标信号的信噪比，从而增强自身对于目标信号的侦测能力。2.2 节将对不同的侦测方式及其信号检测能力进行详细地讨论。

2.1.3 无线信号传播模型

由式（2.1）和式（2.2）可知，无线信道中的传播损耗 $h_{\text{Rx},j}$ 和 $h_{\text{Ev},k}$ 直接影响了接收方和侦听方的信号接收质量。因此，$h_{\text{Rx},j}$ 和 $h_{\text{Ev},k}$ 的特性对通信信号的隐蔽性及收发双方的通信速率有着决定性的影响。下面以 $h_{\text{Rx},j}$ 为例对空天通信场景下无线信号的传播模型做一个简要地介绍。因为此处主要考虑的是窄带信号，所以 $h_{\text{Rx},j}$ 可以表示为

$$h_{\text{Rx},j} = \hbar_{\text{Rx},j} \psi_{\text{Rx},j} \sqrt{G_t G_r} 10^{-PL(d)/10} e^{-i\phi_{h_{\text{Rx},j}}} \tag{2.3}$$

式中：$\hbar_{\text{Rx},j}$ 是信号所经历的小尺度衰落；$\psi_{\text{Rx},j}$ 是信号所经历的阴影衰落；G_t 是发送天线增益；G_r 是接收天线增益；d 是发送方与接收方之间的距离；$PL(d)$ 是信号传播所经历的路径损耗；$\phi_{h_{\text{Rx},j}}$ 代表 $h_{\text{Rx},j}$ 的相位，是信道中各条传播路径叠加后的结果，通常建模为 $[0,2\pi]$ 上均匀分布的随机变量。$PL(d)$ 的形式取决于信号传播的环境与信号的频段。当信号在自由空间传播时，$PL(d)$ 可以被表示为

$$PL(d) = \left(\frac{4\pi d}{\lambda}\right)^2 \tag{2.4}$$

式中：λ 代表信号的波长。阴影衰落 $\psi_{\text{Rx},j}$ 主要由信号传播过程中建筑物、树木、山丘等障碍物的遮挡所产生。在无线通信系统中，$\psi_{\text{Rx},j}$ 通常被建模为一个服从对数正态高斯分布的随机变量，即

$$f_{\psi_{\text{Rx},j}}(u) = \frac{1}{\sqrt{2\pi}\sigma_{\ln\psi_{\text{Rx},j}}u} e^{-\frac{(\ln u - \mu_{\ln\psi_{\text{Rx},j}})^2}{2\sigma_{\ln\psi_{\text{Rx},j}}^2}} \tag{2.5}$$

式中：$f_{\psi_{\text{Rx},j}}(u)$ 是 $\psi_{\text{Rx},j}$ 的概率密度函数；$\sigma_{\ln\psi_{\text{Rx},j}}$ 是 $\ln\psi_{\text{Rx},j}$ 的标准差；$\mu_{\ln\psi_{\text{Rx},j}}$ 是 $\ln\psi_{\text{Rx},j}$ 的均值。小尺度衰落 $\hbar_{\text{Rx},j}$ 主要由传播环境中不同的路径相干、相消叠加而成。例如，在星地通信的场景下，地面终端周围的建筑、树木及其他物体都可能反射和散射卫星信号，从而产生不同的信号传播路径。这些路径在地面终端处的叠加将会造成接收信号包络的随机起伏，即小尺度衰落 $\hbar_{\text{Rx},j}$。当接收信号中存在较强的直射（Light-of-Sight, LOS）分量时，$\hbar_{\text{Rx},j}$ 的取值可以通过莱斯分布（Rician Distribution）描述为

$$f_{\hbar_{\text{Rx},j}}(u) = 2u\kappa e^{-\kappa-(\kappa+1)u^2} I_0\left(2u\sqrt{\kappa(\kappa+1)}\right), u \geqslant 0 \tag{2.6}$$

式中：κ 是莱斯衰落因子；$I_0(\cdot)$ 是修正的零阶第一类贝塞尔函数。当接收信号中不存在强直射分量时，$\hbar_{\text{Rx},j}$ 的取值可以通过瑞利分布（Rayleigh Distribution）来加以描述，即

$$f_{\hbar_{\text{Rx},j}}(u) = 2u e^{-u^2}, u \geqslant 0 \tag{2.7}$$

除上述两种模型外，$\hbar_{\text{Rx},j}$ 的取值还可以通过更一般的 Nakagami 分布来表示，即

$$f_{\hbar_{\text{Rx},j}}(u) = \frac{2m^m u^{2m-1}}{\Gamma(m)} e^{-mu^2}, u \geqslant 0 \tag{2.8}$$

式中：$m \geqslant 0.5$ 是衰落参数；$\Gamma(\cdot)$ 是伽马函数。

2.2 侦听侧建模与隐蔽性度量

当侦听方准确地知道通信信号的发送参数并且侦听信道质量优于通信信道质量时，通信双方难以在保证信号不被侦测的同时实现有意义的信息传输。因此，现实中并不存在绝对隐蔽的通信方式。我们需要在侦听方信号侦测能力的基础上定义信号传输的隐蔽性。在多维域隐蔽通信的场景下，发送方将信号能量在不同的维域内进行了弥散。此时，侦听方所掌握的先验信息不仅决定了其所能够截获的信号长度，还决定了其所能够采用的信号侦测方式。因此，对于多维域隐蔽通信系统来说，侦听方所掌握的有关多维域隐蔽通信信号参数的先验知识决定了其自身的信号侦测能力。基于这一观察，我们将通信信号的隐蔽性定义为该信号在给定侦听方先验知识的基础上被侦测的概率。虽然学者们已

经以检测概率为基础就低检测/低截获概率通信开展了大量的研究工作，但是现有工作缺乏对于侦听方先验知识的建模及相应的信号侦测概率分析，难以实现对多维域隐蔽通信系统性能的精准刻画[1]。为填补这一空白，本节首先对侦听方所掌握的信号参数先验信息进行数学建模，并在此基础上进一步探讨侦听方可以选用的信号侦测方式及其检测性能，随后利用这些结果从理论上给出通信信号隐蔽性的度量方法。

2.2.1 侦听参数选择

从侦听方的角度来看，隐蔽通信信号 $s'_{i,n}$，$i \in \{1,2,\cdots,I\}, n \in \{1,2,\cdots,N_c\}$，的参量可以用描述信号整体特性的 $(\mathcal{L}_{Tx}, \theta_{Tx}, t_{Tx}, C_{Tx})$ 和描述单个码片特性的 $(f_{i,n}, \mu_{i,n})$ 来表示。其中，$\mathcal{L}_{Tx}$ 是能够侦听到发送信号的位置，θ_{Tx} 是信号的到达角，t_{Tx} 代表信号开始传输的时刻，C_{Tx} 代表信号所使用的扩频序列，$f_{i,n}$ 和 $\mu_{i,n}$ 分别是 $s'_{i,n}$ 的发送频点和采用的极化方式。

假设侦听方任意选择一组参数 $(\mathcal{F}_{Ev}, \mathcal{U}_{Ev}, \ell_{Ev}, \Theta_{Ev}, t_{Ev}, T_{Ev})$ 进行无线信号侦收，其中，$\mathcal{F}_{Ev} \subseteq \mathcal{B}_f$ 是侦听频点的集合，$\mathcal{U}_{Ev} \subseteq \mathcal{B}_\mu$ 是侦听方天线所采用的极化方式的集合，$\ell_{Ev} \in \mathcal{B}_\mathcal{L}$ 是侦听方所选取的侦听位置，$\Theta_{Ev} \subseteq \mathcal{B}_\theta$ 是侦听方进行信号侦听的角度范围，t_{Ev} 是侦听方开始进行信号侦测的时刻，T_{Ev} 是侦听方进行信号侦测的时长，$\mathcal{B}_f$ 和 $\mathcal{B}_\mu$ 分别是侦听方认为的发送信号可能使用的频点和极化方式的集合，$\mathcal{B}_\theta$ 是信号可能的到达角的集合。令 $\mathcal{B}_t$ 为信号可能开始传输的时刻的集合，$\mathcal{B}_T$ 为信号可能的传输时长的集合，$\mathcal{B}_C$ 为侦听方认为的发送信号可能使用的扩频码的集合。$\mathcal{B}_f$、$\mathcal{B}_\mu$、$\mathcal{B}_\mathcal{L}$、$\mathcal{B}_\theta$、$\mathcal{B}_t$、$\mathcal{B}_T$ 和 $\mathcal{B}_C$ 代表侦听方所掌握的有关隐蔽通信信号的先验知识。为便于对图 2.4 中的多维域隐蔽通信系统进行分析，将 t_{Tx}、t_{Ev} 和 T_{Ev} 的取值以发送信号的码片宽度为单位进行离散化，即 t_{Tx} 和 t_{Ev} 分别代表发送方开始进行信号传输和侦听方开始进行信号侦听的时刻所对应的序号，T_{Ev} 代表侦听方进行信号侦听的采样点个数。对比式（2.2），可知 $K = T_{Ev}$。

2.2.2 侦听过程建模

侦听方根据采集到的 $y_{Ev,1}, y_{Ev,2}, \cdots, y_{Ev,K}$ 判决是否有信号在进行传输。为尽可能地检测出通信信号，侦听方尝试用集合 $\mathcal{C}_{Ev} \subseteq \mathcal{B}_C$ 内的所有扩频码对 $y_{Ev,1}, y_{Ev,2}, \cdots, y_{Ev,K}$ 进行相干累积，并基于累积的结果进行下一步的信号检测。与此同时，侦听方还将尝试在不对 $y_{Ev,1}, y_{Ev,2}, \cdots, y_{Ev,K}$ 进行相干累积的情况下通过非相干的方式进行信号检测。一旦上述两种侦测方式中的任何一种方式检测到有信号在进行传输，就认为侦听方成功侦测到了通信信号。为了便于理论分析，针对信号侦收过程做出如下假设：

（1）参数 $\mathcal{L}_{Tx}$、θ_{Tx}、t_{Tx}、C_{Tx} 在侦听的时间段 $\{t_{Ev}, t_{Ev}+1, \cdots, t_{Ev}+K\}$ 内保

持不变，$f_{i,n}$ 和 $\mu_{i,n}$ 按一定的规律在集合 $\mathcal{F}_{\text{Tx}}$ 和 $\mathcal{U}_{\text{Tx}}$ 中变化。

（2）若 $\ell_{\text{Ev}} \notin \mathcal{L}_{\text{Tx}}$，则 $h_{\text{Ev},k} = 0, \forall k \in \{1, 2, \cdots, K\}$。

（3）$\{t_{\text{Ev}}, t_{\text{Ev}} + 1, \cdots, t_{\text{Ev}} + K\}$ 与发送符号的边界对齐，即 t_{Ev} 对应一个符号的起始时刻，K 是 N_c 的整数倍。

（4）如果 $\mu_{i,n} \notin \mathcal{U}_{\text{Ev}}$，即侦听方所采用的极化方式不包括信号的极化方式，则与 $s'_{i,n}$ 所对应的 $h_{\text{Ev},k} = 0$，$\mathcal{U}_{\text{Ev}}$ 是侦听方进行信号侦收时所选用的极化方式集合。

（5）如果 $\theta_{\text{Tx}} \notin \Theta_{\text{Ev}}$，即侦听方进行信号侦收的方向不包括信号的到达方向，则 $h_{\text{Ev},k} = 0$，$\forall k \in \{1, 2, \cdots, K\}$。

（6）当 $C_{\text{Tx}} \notin \mathcal{C}_{\text{Ev}}$ 时，侦听方无法通过相干累积的方式侦测出信号的存在，只能通过非相干侦测的方式判断是否有信号传输。

（7）通信信道质量和侦听信道质量在整个通信和侦听过程中保持不变，即 $h_{\text{Rx},j} = h_{\text{Rx}}, \forall j \in \{j | h_{\text{Rx},j} \neq 0\}$，$h_{\text{Ev},k} = h_{\text{Ev}}, \forall k \in \{k | h_{\text{Ev},k} \neq 0\}$。

接下来，我们将根据上述假设分别对相干侦收和非相干侦收下的信号检测性能展开分析，并在此基础上给出通信信号隐蔽性的理论刻画。本章假设侦听方完全掌握侦听信道质量。此时，侦听信道可以被视为加性高斯白噪声信道。

2.2.2.1 相干侦收性能分析

在选择正确的扩频码 C_{Tx} 后，侦听方可以对接收序列 $y_{\text{Ev},1}, y_{\text{Ev},2}, \cdots, y_{\text{Ev},K}$ 做相干累积。因为侦听方并不知道具体的发送符号，所以在以下的分析过程中仅考虑符号内的相干累积。若将多个符号视为以下分析过程中的一个符号，则本小节的建模与分析方法能够直接拓展至符号间相干累积的情况。

相干侦收的具体流程如图 2.5 所示。侦听方首先利用 C_{Tx} 对接收信号 $y_{\text{Ev},1}, y_{\text{Ev},2}, \cdots, y_{\text{Ev},K}$ 进行相干累积，得到累积后的符号序列 $\hat{s}_1, \hat{s}_2, \cdots, \hat{s}_{K/N_c}$，即

$$\hat{s}_i = \sum_{k=(i-1)N_c+1}^{iN_c} c_{i,k-(i-1)N_c} h_{\text{Ev},k} s_i + \overline{z}_{\text{Ev},i}$$

$$\stackrel{(a)}{=} \begin{cases} \rho N_c h_{\text{Ev}} s_i + \overline{z}_{\text{Ev},i}, & \sum_{k=(i-1)N_c+1}^{iN_c} |h_{\text{Ev},k}| > 0 \\ \overline{z}_{\text{Ev},i}, & \text{其他} \end{cases} \quad (2.9)$$

图 2.5 ▎相干侦收过程

式中：$c_{i,k-(i-1)N_c}$ 是对应扩频序列码片的取值；$\bar{z}_{\mathrm{Ev},i}$ 服从均值为 0 方差为 $\eta_{\mathrm{Ev}}W_{\mathrm{Ev}}$ 的循环对称复高斯分布；$|h_{\mathrm{Ev},k}|$ 是 $h_{\mathrm{Ev},k}$ 的模值；$\sum_{k=(i-1)N_c+1}^{iN_c}|h_{\mathrm{Ev},k}|>0$ 表示侦听方在对应的时间段内有接收到信号；ρ 代表在侦收时间段内接收到发送信号的采样点占比。多维域隐蔽通信系统通常将一个符号分解成大量的码片。鉴于每个码片发送参数的随机性，根据大数定律可得式（2.9）中的等式（a）[2]。从 2.2.2 节开始的讨论可得 ρ 的表达式为

$$\rho = \frac{|\mathcal{F}_{\mathrm{Tx}} \cap \mathcal{F}_{\mathrm{Ev}}|}{|\mathcal{F}_{\mathrm{Tx}}|} \frac{|\mathcal{U}_{\mathrm{Tx}} \cap \mathcal{U}_{\mathrm{Ev}}|}{|\mathcal{U}_{\mathrm{Tx}}|} \tag{2.10}$$

侦听方一般通过下列假设检验问题来判断是否有信号在进行传输[3]：

$$\begin{aligned} &H_0: \hat{s}_i = \bar{z}_{\mathrm{Tx},i}, \forall i=1,2,\cdots,K/N_c \\ &H_1: \hat{s}_i = \begin{cases} \rho N h_{\mathrm{Ev}} s_i + \bar{z}_{\mathrm{Ev},i}, & i \in \Pi_1 \\ \bar{z}_{\mathrm{Ev},i}, & i \in \Pi_2 \end{cases}, \forall i=1,2,\cdots,K/N_c \end{aligned} \tag{2.11}$$

式中：Π_1 和 Π_2 的定义为

$$\Pi_1 = \left\{ i \in \{1,2,\cdots,K/N_c\} \,\middle|\, \sum_{k=(i-1)N_c+1}^{iN_c} |h_{\mathrm{Ev},k}| > 0 \right\} \tag{2.12a}$$

$$\Pi_2 = \left\{ i \in \{1,2,\cdots,K/N_c\} \,\middle|\, \sum_{k=(i-1)N_c+1}^{iN_c} |h_{\mathrm{Ev},k}| = 0 \right\} \tag{2.12b}$$

从侦听方的角度来说，其并不知道多维域隐蔽通信信号参数的变化规律，因而无法得知 $\hat{s}_1, \hat{s}_2, \cdots, \hat{s}_{K/N_c}$ 在 H_1 下的概率密度函数。出于这一考虑，假设侦听方通过符号间非相干累积的方式进行信号侦测，即

$$\frac{1}{K/N_c} \sum_{i=1}^{K/N_c} |\hat{s}_i|^2 \geq V_c \tag{2.13}$$

式中：V_c 是判决门限，可以根据侦听设备的噪声功率来确定。根据信息论可知，实现高斯信道输入信号和输出信号间互信息最大化的前提是 s_i 需要服从高斯分布，因而此处考虑 s_i 为服从均值为 0，方差为 P 的循环对称复高斯分布。当多维域隐蔽通信信号在进行发送时，$\hat{s}_i, \forall i=1,2,\cdots,K/N_c$ 的概率密度函数为

$$f(\hat{s}_i) = \begin{cases} \dfrac{1}{\pi N_c \eta_{\mathrm{Ev}} W_{\mathrm{Ev}} + \pi \rho^2 N_c^2 |h_{\mathrm{Ev}}|^2 P} e^{-\dfrac{\hat{s}_{i,\mathrm{Re}}^2 + \hat{s}_{i,\mathrm{Im}}^2}{N_c \eta_{\mathrm{Ev}} W_{\mathrm{Ev}} + \rho^2 N_c^2 |h_{\mathrm{Ev}}|^2 P}} & i \in \Pi_1 \\ \dfrac{1}{\pi N_c \eta_{\mathrm{Ev}} W_{\mathrm{Ev}}} e^{-\dfrac{\hat{s}_{i,\mathrm{Re}}^2 + \hat{s}_{i,\mathrm{Im}}^2}{N_c \eta_{\mathrm{Ev}} W_{\mathrm{Ev}}}} & i \in \Pi_2 \end{cases} \tag{2.14}$$

式中：P 是 s_i 的发送功率；$\hat{s}_{i,\text{Re}}$ 和 $\hat{s}_{i,\text{Im}}$ 分别代表 $\hat{s}_i$ 的实部和虚部。根据式（2.13），可以将多维域隐蔽通信信号被侦测的概率表示为

$$\mathbb{P}_{\text{D},c}\left(\Theta_{\text{Ev}}, \mathcal{U}_{\text{Ev}}, \mathcal{F}_{\text{Ev}}, t_{\text{Ev}}, T_{\text{Ev}}\right) = \mathbb{P}\left(\sum_{i \in \Pi_1}|\hat{s}_i|^2 + \sum_{i \in \Pi_2}|\hat{s}_i|^2 \geqslant V_c K / N_c\right) \quad (2.15)$$

由式（2.14）可知，$\hat{s}_i$ 是循环对称的复高斯随机变量，所以 $|\hat{s}_i|$ 服从瑞利分布。此时，$\sum_{i \in \Pi_1}|\hat{s}_i|^2$ 服从参数为 $|\Pi_1|$ 和 $\left(N_c \eta_{\text{Ev}} W_{\text{Ev}} + \rho^2 N_c^2 |h_{\text{Ev}}|^2 P\right)^{-1}$ 的伽马分布，$\sum_{i \in \Pi_2}|\hat{s}_i|^2$ 服从参数为 $|\Pi_2|$ 和 $\left(N \eta_{\text{Ev}} W_{\text{Ev}}\right)^{-1}$ 的伽马分布，其中，$|\Pi_1|$ 和 $|\Pi_2|$ 代表集合 Π_1 和 Π_2 中的元素个数。

为求解通信信号被侦测的概率，需要求解 $|\Pi_1|$ 个独立同分布的随机变量 $|\hat{s}_i|^2 (i \in \Pi_1)$ 与 $|\Pi_2|$ 个独立同分布的随机变量 $|\hat{s}_i|^2 (i \in \Pi_2)$ 和的分布。令 $\Psi = \sum_{i \in \Pi_1}|\hat{s}_i|^2 + \sum_{i \in \Pi_2}|\hat{s}_i|^2$，则 Ψ 的一阶矩和二阶矩可以表示为

$$\begin{cases} \mathrm{E}[\Psi] = \sum_{i \in \Pi_1}\mathrm{E}\left[|\hat{s}_i|^2\right] + \sum_{i \in \Pi_2}\mathrm{E}\left[|\hat{s}_i|^2\right] \\ \qquad = |\Pi_1|\left(N_c \eta_{\text{Ev}} W_{\text{Ev}} + \rho^2 N_c^2 |h_{\text{Ev}}|^2 P\right) + |\Pi_2|\left(N_c \eta_{\text{Ev}} W_{\text{Ev}}\right) \\ \mathrm{var}[\Psi] = \sum_{i \in \Pi_1}\mathrm{var}\left[|\hat{s}_i|^2\right] + \sum_{i \in \Pi_2}\mathrm{var}\left[|\hat{s}_i|^2\right] \\ \qquad = |\Pi_1|\left(N_c \eta_{\text{Ev}} W_{\text{Ev}} + \rho^2 N_c^2 |h_{\text{Ev}}|^2 P\right)^2 + |\Pi_2|\left(N_c \eta_{\text{Ev}} W_{\text{Ev}}\right)^2 \end{cases} \quad (2.16)$$

根据 Berry-Esseen 定理可知，$(\Psi - \mathrm{E}[\Psi])/\sqrt{\mathrm{var}[\Psi]}$ 近似服从均值为 0 方差为 1 的标准高斯分布[2]。因此，可以将式（2.15）改写为

$$\begin{aligned} \mathbb{P}_{\text{D},c}\left(\Theta_{\text{Ev}}, \mathcal{U}_{\text{Ev}}, \mathcal{F}_{\text{Ev}}, t_{\text{Ev}}, T_{\text{Ev}}\right) &= \mathbb{P}\left(\frac{\Psi - \mathrm{E}[\Psi]}{\sqrt{\mathrm{var}[\Psi]}} \geqslant \frac{V_c K / N_c - \mathrm{E}[\Psi]}{\sqrt{\mathrm{var}[\Psi]}}\right) \\ &= \mathrm{Q}\left(\frac{V_c K / N_c - \mathrm{E}[\Psi]}{\sqrt{\mathrm{var}[\Psi]}}\right) \end{aligned} \quad (2.17)$$

式中：$\mathrm{Q}(x) = \frac{1}{\sqrt{2\pi}}\int_x^\infty e^{-t^2/2} \mathrm{d}t$ [4]。将式（2.16）中的结果代入式（2.17）后可得相干侦收下通信信号被检测的概率。

2.2.2.2 非相干侦收性能分析

在非相干侦收的情况下，侦听方通过非相干累积的方式进行信号侦测。此时，侦听方判定有信号传输的条件为

$$\frac{1}{K}\sum_{k=1}^{K}\left|y_{\text{Ev},k}\right|^2 \geqslant V \tag{2.18}$$

式中：V 是非相干侦收的侦听门限。与相干侦收类似，V 的取值通常也可以根据侦听方接收机的噪声功率来设定。受侦听参数选择的影响，并不是所有的 $y_{\text{Ev},k}$ 中都会包含发送信号。沿用 2.2.2.1 小节中的思路，可以将式（2.18）改写为

$$\frac{1}{K}\left(\sum_{i\in\Pi_1}\sum_{k=(i-1)N_c+1}^{iN_c}\left|y_{\text{Ev},k}\right|^2 + \sum_{i\in\Pi_2}\sum_{k=(i-1)N_c+1}^{iN_c}\left|y_{\text{Ev},k}\right|^2\right) \geqslant V \tag{2.19}$$

式中：Π_1 和 Π_2 的定义与式（2.12）相同。根据之前的讨论可知，$\left|y_{\text{Ev},k}\right|^2$ 的概率密度函数为

$$f_{\left|y_{\text{Ev},k}\right|^2}(u) = \frac{1}{\eta_{\text{Ev}}W_{\text{Ev}}+\left|h_{\text{Ev}}\right|^2 P}\text{e}^{-\frac{u}{\eta_{\text{Ev}}W_{\text{Ev}}+\left|h_{\text{Ev}}\right|^2 P}} \tag{2.20}$$

令 $\psi_i = \sum_{k=(i-1)N_c+1}^{iN_c}\left|y_{\text{Ev},k}\right|^2$。当 $i\in\Pi_2$ 时，ψ_i 的一阶矩和二阶矩分别为 $N_c\eta_{\text{Ev}}W_{\text{Ev}}$ 和 $N_c\left(\eta_{\text{Ev}}W_{\text{Ev}}\right)^2$。当 $i\in\Pi_1$ 时，ψ_i 中既包含接收到通信信号的 $y_{\text{Ev},k}$，也包含未收到通信信号的 $y_{\text{Ev},k}$。分别记 ψ_i 中收到和未收到通信信号的 $y_{\text{Ev},k}$ 的序号所组成的集合为 $\mathcal{K}_{i,1}$ 和 $\mathcal{K}_{i,2}$，则 ψ_i 可以被改写为

$$\psi_i = \sum_{k\in\mathcal{K}_{i,1}}\left|y_{\text{Ev},k}\right|^2 + \sum_{k\in\mathcal{K}_{i,2}}\left|y_{\text{Ev},k}\right|^2 \tag{2.21}$$

式中：$\left|\mathcal{K}_{i,1}\right|=\rho N_c$。当 $i\in\Pi_1$ 时，根据式（2.21）可得 ψ_i 的一阶矩和二阶矩为

$$\begin{cases}\text{E}[\psi_i] = \sum_{k\in\mathcal{K}_{i,1}}\text{E}\left[\left|y_{\text{Ev},k}\right|^2\right] + \sum_{k\in\mathcal{K}_{i,2}}\text{E}\left[\left|y_{\text{Ev},k}\right|^2\right] \\ \qquad = \rho N_c\left(\eta_{\text{Ev}}W_{\text{Ev}}+\left|h_{\text{Ev}}\right|^2 P\right) + (1-\rho)N_c\eta_{\text{Ev}}W_{\text{Ev}} \\ \text{var}[\psi_i] = \text{var}\left[\sum_{k\in\mathcal{K}_{i,1}}\left|y_{\text{Ev},k}\right|^2\right] + \sum_{k\in\mathcal{K}_{i,2}}\text{var}\left[\left|y_{\text{Ev},k}\right|^2\right] \\ \qquad = \underbrace{\text{E}\left[\left(\sum_{k\in\mathcal{K}_{i,1}}\left|y_{\text{Ev},k}\right|^2\right)^2\right]}_{\tilde{\psi}_{i,1}} - \left(\sum_{k\in\mathcal{K}_{i,1}}\text{E}\left[\left|y_{\text{Ev},k}\right|^2\right]\right)^2 + (1-\rho)N_c\left(\eta_{\text{Ev}}W_{\text{Ev}}\right)^2\end{cases} \tag{2.22}$$

从式（2.22）出发，可以将 $\tilde{\psi}_{i,1}$ 改写为

$$\begin{aligned}\tilde{\psi}_{i,1} &= \sum_{k \in \mathcal{K}_{i,1}} \sum_{l \in \mathcal{K}_{i,1}} \mathrm{E}\left[\left|y_{\mathrm{Ev},k}\right|^2 \left|y_{\mathrm{Ev},l}\right|^2\right] = \sum_{k \in \mathcal{K}_{i,1}} \mathrm{E}\left[\left|y_{\mathrm{Ev},k}\right|^4\right] + \\ &\quad \sum_{k \in \mathcal{K}_{i,1}} \sum_{l \in \mathcal{K}_{i,1}, l \neq k} \mathrm{E}\left[\left|y_{\mathrm{Ev},k}\right|^2 \left|y_{\mathrm{Ev},l}\right|^2\right] \\ &= 2\left|\mathcal{K}_{i,1}\right|\left(\eta_{\mathrm{Ev}}W_{\mathrm{Ev}} + \left|h_{\mathrm{Ev}}\right|^2 P\right)^2 + \left|\mathcal{K}_{i,1}\right|\left(\left|\mathcal{K}_{i,1}\right| - 1\right) \\ &\quad \left(\left(\eta_{\mathrm{Ev}}W_{\mathrm{Ev}}\right)^2 + 2\left|h_{\mathrm{Ev}}\right|^4 P^2 + 2\left|h_{\mathrm{Ev}}\right|^2 P\eta_{\mathrm{Ev}}W_{\mathrm{Ev}}\right) \\ &= 2\left|\mathcal{K}_{i,1}\right|^2 \left|h_{\mathrm{Ev}}\right|^4 P^2 + 2\left|\mathcal{K}_{i,1}\right|\left(\left|\mathcal{K}_{i,1}\right| + 1\right)\left|h_{\mathrm{Ev}}\right|^2 P\eta_{\mathrm{Ev}}W_{\mathrm{Ev}} + \\ &\quad \left|\mathcal{K}_{i,1}\right|\left(\left|\mathcal{K}_{i,1}\right| + 1\right)\left(\eta_{\mathrm{Ev}}W_{\mathrm{Ev}}\right)^2\end{aligned} \quad (2.23)$$

将式（2.23）代入式（2.22），可得 $\mathrm{var}[\psi_i]$ 的表达式为

$$\begin{aligned}\mathrm{var}[\psi_i] &= \left|\mathcal{K}_{i,1}\right|^2 \left|h_{\mathrm{Ev}}\right|^4 P^2 + 2\left|\mathcal{K}_{i,1}\right|\left|h_{\mathrm{Ev}}\right|^2 P\eta_{\mathrm{Ev}}W_{\mathrm{Ev}} + N_c\left(\eta_{\mathrm{Ev}}W_{\mathrm{Ev}}\right)^2 \\ &= \rho^2 N_c^2 \left|h_{\mathrm{Ev}}\right|^4 P^2 + 2\rho N_c \left|h_{\mathrm{Ev}}\right|^2 P\eta_{\mathrm{Ev}}W_{\mathrm{Ev}} + N_c\left(\eta_{\mathrm{Ev}}W_{\mathrm{Ev}}\right)^2\end{aligned} \quad (2.24)$$

因为 ψ_i，$i \in \{1, 2, \cdots, K/N\}$，是相互独立的随机变量，所以根据 Berry-Esseen 定理可得非相干侦收时的检测概率为

$$\mathbb{P}_{\mathrm{D}}\left(\Theta_{\mathrm{Ev}}, \mathcal{U}_{\mathrm{Ev}}, \mathcal{F}_{\mathrm{Ev}}, t_{\mathrm{Ev}}, T_{\mathrm{Ev}}\right) = \mathrm{Q}\left(\frac{VK - \sum_{i=1}^{K/N_c} \mathrm{E}[\psi_i]}{\sqrt{\sum_{i=1}^{K/N_c} \mathrm{var}[\psi_i]}}\right) \quad (2.25)$$

2.2.3 隐蔽性度量

通信信号越难以被侦听方侦测，该信号的隐蔽性越好。因此，采用信号被侦测的概率来定量地刻画通信信号的隐蔽性。由 2.1.1 节与 2.1.2 节中的讨论可知，信号被侦测的概率取决于侦听方的先验知识和信号侦测方法，故在定量刻画信号隐蔽性的时候需要综合考虑侦听方已有的先验知识和可能会采用的侦测方法。当 $C_{\mathrm{Tx}} \in \mathcal{C}_{\mathrm{Ev}}$ 时，侦听方的信号侦测性能由相干侦收下的信号检测概率和非相干侦收下的信号检测概率共同决定。当 $C_{\mathrm{Tx}} \notin \mathcal{C}_{\mathrm{Ev}}$ 时，侦听方仅能以非相干侦收的方式进行信号侦测。因此，在给定侦听方先验知识 $\mathcal{B}_f$、$\mathcal{B}_\mu$、$\mathcal{B}_\theta$、$\mathcal{B}_t$、$\mathcal{B}_T$、$\mathcal{B}_\mathcal{L}$ 和 $\mathcal{B}_\mathcal{C}$ 的情况下，通信信号的隐蔽性度量可以被表征为

$$\mathcal{D}\left(\mathcal{B}_f, \mathcal{B}_\mu, \mathcal{B}_\theta, \mathcal{B}_\mathcal{L}, \mathcal{B}_t, \mathcal{B}_T, \mathcal{B}_C\right)$$

$$= \sum_{\substack{(\xi_C, \xi_\theta, \xi_\mu, \xi_f, \ell_{\mathrm{Ev}}, t_{\mathrm{Ev}}, T_{\mathrm{Ev}}) \\ \in \mathcal{E}_C \times \mathcal{E}_\theta \times \mathcal{E}_\mu \times \mathcal{E}_f \times \mathcal{B}_\mathcal{L} \times \mathcal{B}_t \times \mathcal{B}_T}} \max\left\{\underbrace{\tilde{\mathbb{P}}_{\mathrm{D},c}\left(\mathcal{C}_{\mathrm{Ev}}^{\xi_C}, \Theta_{\mathrm{Ev}}^{\xi_\theta}, \mathcal{U}_{\mathrm{Ev}}^{\xi_\mu}, \mathcal{F}_{\mathrm{Ev}}^{\xi_f}, \ell_{\mathrm{Ev}}, t_{\mathrm{Ev}}, T_{\mathrm{Ev}}\right)}_{\text{相干累积侦测概率}}, \underbrace{\mathbb{P}_{\mathrm{D}}\left(\Theta_{\mathrm{Ev}}^{\xi_\theta}, \mathcal{U}_{\mathrm{Ev}}^{\xi_\mu}, \mathcal{F}_{\mathrm{Ev}}^{\xi_f}, \ell_{\mathrm{Ev}}, t_{\mathrm{Ev}}, T_{\mathrm{Ev}}\right)}_{\text{非相干累积侦测概率}}\right\}$$

$$\times \frac{1}{\left|\mathcal{E}_C \times \mathcal{E}_\theta \times \mathcal{E}_\mu \times \mathcal{E}_f \times \mathcal{B}_\mathcal{L} \times \mathcal{B}_t \times \mathcal{B}_T\right|}$$

(2.26)

式中：$\mathcal{E}_C$ 是扩频码集合 $\mathcal{C}_{\mathrm{Ev}}^{\xi_C} \subseteq \mathcal{B}_C$ 所对应的序号的集合；$\mathcal{E}_\theta$ 是侦听方所有可能选取的侦听角度范围 $\Theta_{\mathrm{Ev}}^{\xi_\theta}$ 的序号的集合；$\mathcal{E}_\mu$ 是侦听方可以同时侦听的极化方式组合 $\mathcal{U}_{\mathrm{Ev}}^{\xi_\mu}$ 的序号的集合；ξ_f 是侦听方可以同时侦听的频段组合 $\mathcal{F}_{\mathrm{Ev}}^{\xi_\mu}$ 的序号的集合；$\left|\mathcal{E}_C \times \mathcal{E}_\theta \times \mathcal{E}_\mu \times \mathcal{E}_f \times \mathcal{B}_\mathcal{L} \times \mathcal{B}_t \times \mathcal{B}_T\right|$ 为集合 $\mathcal{E}_C \times \mathcal{E}_\theta \times \mathcal{E}_\mu \times \mathcal{E}_f \times \mathcal{B}_\mathcal{L} \times \mathcal{B}_t \times \mathcal{B}_T$ 中元素的个数；$\mathcal{E}_C \times \mathcal{E}_\theta \times \mathcal{E}_\mu \times \mathcal{E}_f \times \mathcal{B}_\mathcal{L} \times \mathcal{B}_t \times \mathcal{B}_T$ 是集合 $\mathcal{E}_C$、$\mathcal{E}_\theta$、$\mathcal{E}_\mu$、$\mathcal{E}_f$、$\mathcal{B}_\mathcal{L}$、$\mathcal{B}_t$ 和 $\mathcal{B}_T$ 的笛卡儿积。根据 C_{Tx} 与 $\mathcal{C}_{\mathrm{Ev}}^{\xi_C}$ 的从属关系，可以将式（2.26）中相干累积的侦测概率表示为

$$\tilde{\mathbb{P}}_{\mathrm{D},c}\left(\mathcal{C}_{\mathrm{Ev}}^{\xi_C}, \Theta_{\mathrm{Ev}}^{\xi_\theta}, \mathcal{U}_{\mathrm{Ev}}^{\xi_\mu}, \mathcal{F}_{\mathrm{Ev}}^{\xi_f}, \ell_{\mathrm{Ev}}, t_{\mathrm{Ev}}, T_{\mathrm{Ev}}\right)$$
$$= \begin{cases} \mathbb{P}_{\mathrm{D},c}\left(\Theta_{\mathrm{Ev}}^{\xi_\theta}, \mathcal{U}_{\mathrm{Ev}}^{\xi_\mu}, \mathcal{F}_{\mathrm{Ev}}^{\xi_f}, \ell_{\mathrm{Ev}}, t_{\mathrm{Ev}}, T_{\mathrm{Ev}}\right), & C_{\mathrm{Tx}} \in \mathcal{C}_{\mathrm{Ev}}^{\xi_C} \\ 0, & C_{\mathrm{Tx}} \notin \mathcal{C}_{\mathrm{Ev}}^{\xi_C} \end{cases} \quad (2.27)$$

将式（2.17）、式（2.25）和式（2.27）代入式（2.26），可以得到信号隐蔽性度量的表达式。2.3 节将根据这一隐蔽性度量就多维域隐蔽通信信号的可达性能极限展开讨论。

2.3 多维域隐蔽通信性能

与一般通信系统不同，隐蔽通信信号的传输不仅需要考虑收发双方之间的可达信息速率，更需要保证信号的隐蔽性。为突出重点，本节假设发送方和接收方已知通信信道质量，即通信信道可以被视为加性高斯白噪声信道。以此为基础，本节首先在发送方已知侦听信道质量的情况下分别就无限码长和有限码长下多维域隐蔽通信系统的性能极限展开讨论，随后进一步讨论侦听信道状态信息对多维域隐蔽通信性能的影响。

2.3.1 无限码长下的隐蔽通信性能

因为接收方完全掌握了隐蔽通信信号的发送参数，所以从收发双方的角度

看扩频后的信号在传输过程中实际上经历了一个加性高斯白噪声信道。接收方通过解扩操作恢复出一个带有噪声的符号序列。参考 2.2.2.1 小节的分析方法可知，发送符号 $s_1, s_2, \cdots, s_I$ 在传输过程中实质上经历了一个 I 次扩展的高斯信道，符号序列 $s_1, s_2, \cdots, s_I$ 可以被视为收发双方所共享的信道编码码本中的一个码字。观察式（2.17）、式（2.25）和式（2.26）可知，当符号 $s_1, s_2, \cdots, s_I$ 服从高斯分布时，有关信号隐蔽性的约束本质上是限制了符号 $s_1, s_2, \cdots, s_I$ 的发送功率 P。因此，可以沿用信道编码定理中的码本生成方式依照高斯分布来产生用于隐蔽通信的码本，只是生成的码字中各元素的功率 P 不能超过隐蔽性的要求。此时，信道编码定理的证明过程仍然成立[5]。根据信道编码定理可知，在无限码长的情况下多维域隐蔽通信系统的最大可达速率为

$$R = \max_{P} \quad \frac{1}{2} \log_2 \left(1 + \frac{|h_{\text{Rx}}|^2 P}{\eta_{\text{Rx}} W_{\text{Rx}}}\right)$$

$$\text{s.t.} \quad \mathcal{D}\left(\mathcal{B}_f, \mathcal{B}_\mu, \mathcal{B}_\theta, \mathcal{B}_\mathcal{L}, \mathcal{B}_t, \mathcal{B}_T, \mathcal{B}_C\right) \leqslant \beta \quad (2.28)$$

$$0 \leqslant P \leqslant P_{\max}$$

式中：$|h_{\text{Rx}}|^2$ 是收发双方之间的信道增益；η_{Rx} 是接收方处的噪声功率谱密度；W_{Rx} 是发送信号的带宽；β 代表通信系统对隐蔽性的要求；$P_{\max}$ 是发送方的最大发送功率。由式（2.28）可知，求解信道容量 R 的关键是要从通信信号的隐蔽性约束中得出关于符号发送功率的约束。从式（2.26）可知，$\tilde{\mathbb{P}}_{\text{D},c}\left(\mathcal{C}_{\text{Ev}}^{\xi_C}, \Theta_{\text{Ev}}^{\xi_\theta}, \mathcal{U}_{\text{Ev}}^{\xi_\mu}, \mathcal{F}_{\text{Ev}}^{\xi_f}, \ell_{\text{Ev}}, t_{\text{Ev}}, T_{\text{Ev}}\right)$ 在 $C_{\text{Tx}} \in \mathcal{C}_{\text{Ev}}^{\xi_C}$ 和 $C_{\text{Tx}} \notin \mathcal{C}_{\text{Ev}}^{\xi_C}$ 时有着不同的形式。为满足式（2.28）中的隐蔽性约束，隐蔽通信信号的发送功率 P 仅需在任意侦听参数设置 $(\xi_C, \xi_\theta, \xi_\mu, \xi_f, \ell_{\text{Ev}}, t_{\text{Ev}}, T_{\text{Ev}}) \in \mathcal{E}_C \times \mathcal{E}_\theta \times \mathcal{E}_\mu \times \mathcal{E}_f \times \mathcal{B}_\mathcal{L} \times \mathcal{B}_t \times \mathcal{B}_T$ 下满足

$$\begin{cases} C_{\text{Tx}} \in \mathcal{C}_{\text{Ev}}^{\xi_C}: \mathbb{P}_{\text{D},c}\left(\Theta_{\text{Ev}}^{\xi_\theta}, \mathcal{U}_{\text{Ev}}^{\xi_\mu}, \mathcal{F}_{\text{Ev}}^{\xi_f}, \ell_{\text{Ev}}, t_{\text{Ev}}, T_{\text{Ev}}\right) \leqslant \beta \\ \qquad\qquad \mathbb{P}_{\text{D}}\left(\Theta_{\text{Ev}}^{\xi_\theta}, \mathcal{U}_{\text{Ev}}^{\xi_\mu}, \mathcal{F}_{\text{Ev}}^{\xi_f}, \ell_{\text{Ev}}, t_{\text{Ev}}, T_{\text{Ev}}\right) \leqslant \beta \\ C_{\text{Tx}} \notin \mathcal{C}_{\text{Ev}}^{\xi_C}: \mathbb{P}_{\text{D}}\left(\Theta_{\text{Ev}}^{\xi_\theta}, \mathcal{U}_{\text{Ev}}^{\xi_\mu}, \mathcal{F}_{\text{Ev}}^{\xi_f}, \ell_{\text{Ev}}, t_{\text{Ev}}, T_{\text{Ev}}\right) \leqslant \beta \end{cases} \quad (2.29)$$

式（2.29）显示信号的发送功率 P 受到相干侦收和非相干侦收情形下隐蔽性需求的约束。接下来，我们将对这两种情况下的发送功率约束分别进行讨论。

2.3.1.1　相干侦收时的功率约束

根据式（2.17），式（2.29）中的约束可以表示为

$$Q\left(\frac{V_c K/N_c - |\Pi_1|\left(N_c \eta_{\text{Ev}} W_{\text{Ev}} + \rho^2 N_c^2 |h_{\text{Ev}}|^2 P\right) - |\Pi_2|\left(N_c \eta_{\text{Ev}} W_{\text{Ev}}\right)}{\sqrt{|\Pi_1|\left(N_c \eta_{\text{Ev}} W_{\text{Ev}} + \rho^2 N_c^2 |h_{\text{Ev}}|^2 P\right)^2 + |\Pi_2|\left(N_c \eta_{\text{Ev}} W_{\text{Ev}}\right)^2}}\right) \leqslant \beta \quad (2.30)$$

下面围绕 $|\Pi_1|$ 的取值对信号的发送功率 P 展开分类讨论。首先围绕 $|\Pi_1| = \vartheta K/N_c$（$\vartheta$ 是大于零的常数）的情况展开讨论。由于式（2.30）中 P 和 β 间的关系较为复杂，因此难以直接从式（2.30）中得出满足隐蔽性需求 β 的最大发送功率 P^*。考虑到信号隐蔽性的约束通常要求 $\beta \leqslant 1/2$，P 的取值应当使得式（2.30）中 Q 函数的自变量大于零。从这一观察出发，根据 Q 函数的定义对式（2.30）中不等式左边的函数进行放缩，得到式（2.30）成立的充分条件为

$$Q\left(\frac{K/N_c\left(V_c - N_c\eta_{\text{Ev}}W_{\text{Ev}}\right) - \vartheta K \rho^2 N_c |h_{\text{Ev}}|^2 P}{\sqrt{K/N_c}\left(N_c\eta_{\text{Ev}}W_{\text{Ev}} + \rho^2 N_c^2 |h_{\text{Ev}}|^2 P\right)}\right) \leqslant \beta, P \leqslant \frac{V_c - N_c\eta_{\text{Ev}}W_{\text{Ev}}}{\vartheta \rho^2 N_c^2 |h_{\text{Ev}}|^2} \qquad (2.31)$$

同时，从 Q 函数的定义出发可以得到式（2.30）成立的必要条件为

$$Q\left(\frac{K/N_c\left(V_c - N_c\eta_{\text{Ev}}W_{\text{Ev}}\right) - \vartheta K \rho^2 N_c |h_{\text{Ev}}|^2 P}{\sqrt{K/N_c}N_c\eta_{\text{Ev}}W_{\text{Ev}}}\right) \leqslant \beta, \quad P \leqslant \frac{V_c - N_c\eta_{\text{Ev}}W_{\text{Ev}}}{\vartheta \rho^2 N_c^2 |h_{\text{Ev}}|^2} \qquad (2.32)$$

令 P_L^* 和 P_U^* 分别为使得式（2.31）和式（2.32）成立的最大发送功率取值，则 $P_L^* \leqslant P^* \leqslant P_U^*$。式（2.31）和式（2.32）表明发送功率的取值范围不仅受到隐蔽性约束 β 的影响，还受到判决门限 V_c 的制约。由于无法准确掌握发送信号参数的统计特性，侦听方难以通过最小化虚警概率和漏检概率之和来设置判决门限 V_c[6]。对于侦听方来说，一种可行的方案是通过限制虚警概率来对门限 V_c 进行约束[7]，即门限 V_c 的取值应当满足

$$Q\left(\frac{K/N_c\left(V_c - N_c\eta_{\text{Ev}}W_{\text{Ev}}\right)}{\sqrt{K/N_c}\left(N_c\eta_{\text{Ev}}W_{\text{Ev}}\right)^2}\right) \leqslant \alpha \qquad (2.33)$$

式中：$\alpha \in (0,1)$ 是侦听方所能够接受的最大虚警概率。根据式（2.30）可知，当侦听方采用式（2.33）设置判决门限时，β 的取值不应低于虚警概率 α，即 $\alpha \leqslant \beta$。由信号检测理论可知，门限 V_c 设置过高将会导致较高的漏检。因此，对于侦听方来说，当式（2.33）取等号时，V_c 的取值是一个较合理的门限设置。在式（2.33）中等式成立的情况下对其进行化简可得

$$V_c - N_c\eta_{\text{Ev}}W_{\text{Ev}} = \frac{N_c\eta_{\text{Ev}}W_{\text{Ev}}}{\sqrt{K/N_c}}Q^{-1}(\alpha) \qquad (2.34)$$

下面根据式（2.31）、式（2.32）和式（2.34）对 P_L^* 和 P_U^* 的形式分别进行求解。

将式（2.31）化简可得

$$P \leqslant \frac{K/N_c\left(V_c - N_c\eta_{Ev}W_{Ev}\right) - Q^{-1}(\beta)\sqrt{K/N_c}\left(N_c\eta_{Ev}W_{Ev}\right)}{Q^{-1}(\beta)\sqrt{K/N_c}\rho^2 N_c^2|h_{Ev}|^2 + \vartheta K/N_c \rho^2 N_c^2|h_{Ev}|^2} \quad (2.35)$$

将式（2.34）代入式（2.35）可得

$$P \leqslant \frac{\eta_{Ev}W_{Ev}\left(Q^{-1}(\alpha) - Q^{-1}(\beta)\right)}{Q^{-1}(\beta)\rho^2 N_c|h_{Ev}|^2 + \vartheta\sqrt{K/N_c}\rho^2 N_c|h_{Ev}|^2} \approx \\ \frac{1}{\sqrt{K/N_c}} \frac{\eta_{Ev}W_{Ev}\left(Q^{-1}(\alpha) - Q^{-1}(\beta)\right)}{\vartheta\rho^2 N_c|h_{Ev}|^2} \quad (2.36)$$

根据式（2.36）可以得到 P_L^* 的表达式为

$$P_L^* = \frac{1}{\sqrt{K/N_c}} \frac{\eta_{Ev}W_{Ev}\left(Q^{-1}(\alpha) - Q^{-1}(\beta)\right)}{\vartheta\rho^2 N_c|h_{Ev}|^2} \quad (2.37)$$

将式（2.34）代入式（2.32）可得

$$Q\left(Q^{-1}(\alpha) - \frac{\vartheta K \rho^2|h_{Ev}|^2 P}{\sqrt{K/N_c}\eta_{Ev}W_{Ev}}\right) \leqslant \beta, \quad P \leqslant \frac{\eta_{Ev}W_{Ev}Q^{-1}(\alpha)}{\vartheta\sqrt{K/N_c}\rho^2 N_c|h_{Ev}|^2} \quad (2.38)$$

根据 Q 函数的定义可知

$$Q\left(Q^{-1}(\alpha) - \frac{\vartheta\sqrt{K/N_c}\rho^2 N_c|h_{Ev}|^2 P}{\eta_{Ev}W_{Ev}}\right) \\ = \int_{Q^{-1}(\alpha)}^{\infty} \frac{1}{\sqrt{2\pi}} e^{-\frac{t^2}{2}} dt + \int_{Q^{-1}(\alpha) - \frac{|\Pi_1|\rho^2 N_c|h_{Ev}|^2 P}{\sqrt{K/N_c}\eta_{Ev}W_{Ev}}}^{Q^{-1}(\alpha)} \frac{1}{\sqrt{2\pi}} e^{-\frac{t^2}{2}} dt \quad (2.39) \\ \geqslant \alpha + \frac{1}{\sqrt{2\pi}} e^{-\frac{\left(Q^{-1}(\alpha)\right)^2}{2}} \frac{\vartheta\sqrt{K/N_c}\rho^2 N_c|h_{Ev}|^2 P}{\eta_{Ev}W_{Ev}}$$

将式（2.39）代入式（2.38）可知，为保证相干侦听情况下的隐蔽性，发送功率必须满足

$$P \leqslant \min\left\{(\beta-\alpha)e^{\frac{\left(Q^{-1}(\alpha)\right)^2}{2}}\frac{\sqrt{2\pi}\eta_{Ev}W_{Ev}}{\vartheta\sqrt{K/N_c}\rho^2 N_c|h_{Ev}|^2}, \frac{\eta_{Ev}W_{Ev}Q^{-1}(\alpha)}{\vartheta\sqrt{K/N_c}\rho^2 N_c|h_{Ev}|^2}\right\} \\ = \frac{\eta_{Ev}W_{Ev}}{\vartheta\sqrt{K/N_c}\rho^2 N_c|h_{Ev}|^2}\min\left\{Q^{-1}(\alpha), \sqrt{2\pi}(\beta-\alpha)e^{\frac{\left(Q^{-1}(\alpha)\right)^2}{2}}\right\} \quad (2.40)$$

从式（2.40）可以得到 P_U^* 的表达式为

$$P_{\mathrm{U}}^* = \frac{1}{\sqrt{K/N_c}} \frac{\eta_{\mathrm{Ev}} W_{\mathrm{Ev}}}{\vartheta \rho^2 N_c |h_{\mathrm{Ev}}|^2} \min\left\{ Q^{-1}(\alpha), \sqrt{2\pi}(\beta-\alpha) e^{\frac{(Q^{-1}(\alpha))^2}{2}} \right\} \quad (2.41)$$

综合式（2.37）与式（2.41）中的结果可知，P^*的取值范围为

$$\frac{1}{\sqrt{K/N_c}} \frac{\eta_{\mathrm{Ev}} W_{\mathrm{Ev}}}{\vartheta \rho^2 N_c |h_{\mathrm{Ev}}|^2} \left(Q^{-1}(\alpha) - Q^{-1}(\beta) \right) \leqslant P^*$$

$$\leqslant \frac{1}{\sqrt{K/N_c}} \frac{\eta_{\mathrm{Ev}} W_{\mathrm{Ev}}}{\vartheta \rho^2 N_c |h_{\mathrm{Ev}}|^2} \min\left\{ Q^{-1}(\alpha), \sqrt{2\pi}(\beta-\alpha) e^{\frac{(Q^{-1}(\alpha))^2}{2}} \right\} \quad (2.42)$$

根据式（2.42）可以进一步得到P^*的表达式为

$$P^* = \frac{1}{\sqrt{K/N_c}} \frac{\eta_{\mathrm{Ev}} W_{\mathrm{Ev}}}{\vartheta \rho^2 N_c |h_{\mathrm{Ev}}|^2} c_1(\alpha,\beta) \quad (2.43)$$

其中，$c_1(\alpha,\beta)$为一个大于零的常数，其取值范围由α和β决定，即

$$Q^{-1}(\alpha) - Q^{-1}(\beta) \leqslant c_1(\alpha,\beta) \leqslant \min\left\{ Q^{-1}(\alpha), \sqrt{2\pi}(\beta-\alpha) e^{\frac{(Q^{-1}(\alpha))^2}{2}} \right\} \quad (2.44)$$

由2.2.2节可知，K/N_c既是侦听方信号侦收过程中可能截获到的最大符号数量，也反映了侦听方的侦收时长。由式（2.43）可知，当侦听方截获的符号个数$|\Pi_1|$与侦收时长K/N_c呈线性关系时，为保证通信信号的隐蔽性，随着侦听方侦收时长的增加，信号发送功率P需要按$1/\sqrt{K/N_c}$的规律衰减。这一结论与现有低截获概率通信的研究成果相吻合[1]。

当$|\Pi_1| = o(K/N_c)$时，$|\Pi_2| = \Theta(K/N_c)$，其中，$|\Pi_1| = o(K/N_c)$表示随着K/N_c的增加$|\Pi_1|$的增长速度远小于K/N_c，即$\lim\limits_{K/N_c \to \infty} |\Pi_1|/(K/N_c) = 0$ [8]。$|\Pi_2| = \Theta(K/N_c)$表示$|\Pi_2|$有着与K/N_c相同的增长速度。此时，式（2.30）可以被改写为

$$Q\left(\frac{V_c K/N_c - K\eta_{\mathrm{Ev}} W_{\mathrm{Ev}}}{\sqrt{|\Pi_2|(N_c \eta_{\mathrm{Ev}} W_{\mathrm{Ev}})^2}} \right) \leqslant \beta \quad (2.45)$$

式（2.45）显示，当$|\Pi_1| = o(K/N_c)$时，信号的隐蔽性约束与各符号的发送功率无关。此时，由于侦听方所截获的发送信号过少，检测统计量的特性主要由噪声决定。因此，式（2.45）中的隐蔽性约束通常仅与噪声的统计特性有关。对比式（2.45）可知，当侦听方根据式（2.33）设置判决门限V_c时，有关通信信号隐蔽性的约束恒成立。此时，由相干侦收所带来的隐蔽性约束将不会制约

信号的发送功率。这一结果体现了多维域隐蔽通信与现有低检测概率通信的不同之处。从以上讨论可知，只要能够保证侦听方无法截获到足够多的发送信号，发送方就不必随着侦听方侦收时长的增加将发送功率 P 按 $1/\sqrt{K/N_c}$ 的规律衰减。因此，通过限制侦听方所能够截获到的符号数量，发送方能够突破由信号隐蔽性需求所带来的发送功率 $1/\sqrt{K/N_c}$ 的衰减规律。

上述结果表明，将通信信号能量弥散至不同的维域有望大大降低发送符号被侦听方所截获的可能性，从而在保证信号隐蔽性的同时大幅提升通信效率。同时，上述结果显示，一旦发送方掌握了侦听方截获符号个数 $|\Pi_1|$ 随 K/N_c 的变化规律，就能够根据侦听方的侦测参数自适应地设置发送信号功率，获得最佳的通信性能。

2.3.1.2　非相干侦收时的功率约束

根据 2.2.2.2 节中的结果，可以将非相干侦收时的通信信号隐蔽性约束表示为

$$\mathrm{Q}\left(\frac{VK-|\Pi_1|\left(\rho N_c\left(\eta_{\mathrm{Ev}}W_{\mathrm{Ev}}+|h_{\mathrm{Ev}}|^2 P\right)+(1-\rho)N_c\eta_{\mathrm{Ev}}W_{\mathrm{Ev}}\right)-|\Pi_2|N_c\left(\eta_{\mathrm{Ev}}W_{\mathrm{Ev}}\right)}{\sqrt{|\Pi_1|\left(\rho^2 N_c^2|h_{\mathrm{Ev}}|^4 P^2+2\rho N_c|h_{\mathrm{Ev}}|^2 P\eta_{\mathrm{Ev}}W_{\mathrm{Ev}}+N_c\left(\eta_{\mathrm{Ev}}W_{\mathrm{Ev}}\right)^2\right)+|\Pi_2|N_c\left(\eta_{\mathrm{Ev}}W_{\mathrm{Ev}}\right)^2}}\right)\leqslant\beta$$
(2.46)

进一步可以改写为

$$\mathrm{Q}\left(\frac{K(V-\eta_{\mathrm{Ev}}W_{\mathrm{Ev}})-|\Pi_1|\rho N_c|h_{\mathrm{Ev}}|^2 P}{\sqrt{|\Pi_1|\left(\rho N_c|h_{\mathrm{Ev}}|^2 P+\eta_{\mathrm{Ev}}W_{\mathrm{Ev}}\right)^2+(K-|\Pi_1|)(\eta_{\mathrm{Ev}}W_{\mathrm{Ev}})^2}}\right)\leqslant\beta \quad (2.47)$$

沿用相干侦收时的推导思路，分别从 $|\Pi_1|=\vartheta K/N_c$ 和 $|\Pi_1|=o(K/N_c)$ 两个角度讨论非相干侦收下的隐蔽性约束对信号发送功率的影响。当 $|\Pi_1|=\vartheta K/N_c$ 时，为得出 P^* 的表达式，根据 Q 函数的定义构造式（2.47）成立的充分条件为

$$\mathrm{Q}\left(\frac{K(V-\eta_{\mathrm{Ev}}W_{\mathrm{Ev}})-\vartheta K/N_c\rho N_c|h_{\mathrm{Ev}}|^2 P}{\sqrt{K}\left(\rho N_c|h_{\mathrm{Ev}}|^2 P+\eta_{\mathrm{Ev}}W_{\mathrm{Ev}}\right)}\right)\leqslant\beta,\ P\leqslant\frac{V-\eta_{\mathrm{Ev}}W_{\mathrm{Ev}}}{\vartheta\rho|h_{\mathrm{Ev}}|^2} \quad (2.48)$$

类似地，可以构造式（2.47）成立的必要条件为

$$\mathrm{Q}\left(\frac{K(V-\eta_{\mathrm{Ev}}W_{\mathrm{Ev}})-\vartheta K\rho|h_{\mathrm{Ev}}|^2 P}{\sqrt{K}\eta_{\mathrm{Ev}}W_{\mathrm{Ev}}}\right)\leqslant\beta,\ P\leqslant\frac{V-\eta_{\mathrm{Ev}}W_{\mathrm{Ev}}}{\vartheta\rho|h_{\mathrm{Ev}}|^2} \quad (2.49)$$

沿用 2.3.1.1 节中的思路，分别利用式（2.48）和式（2.49）得出 P_L^* 和 P_U^* 的表达式，并在此基础上得出 P^* 的形式。对式（2.48）化简可得

$$P \leqslant \frac{K(V - \eta_{\text{Ev}}W_{\text{Ev}}) - Q^{-1}(\beta)\sqrt{K}\eta_{\text{Ev}}W_{\text{Ev}}}{Q^{-1}(\beta)\sqrt{K}\rho N_c |h_{\text{Ev}}|^2 + \vartheta K/N_c \rho N_c |h_{\text{Ev}}|^2} \qquad (2.50)$$

采用与相干侦收类似的思路，可以通过虚警概率 α 的要求得到判决门限 V 需满足的条件

$$V - \eta_{\text{Ev}}W_{\text{Ev}} = \frac{\eta_{\text{Ev}}W_{\text{Ev}}}{\sqrt{K}}Q^{-1}(\alpha) \qquad (2.51)$$

由式（2.51）可知，为保证式（2.50）成立，信号的发送功率 P 需满足

$$P \leqslant \frac{\eta_{\text{Ev}}W_{\text{Ev}}\left(Q^{-1}(\alpha) - Q^{-1}(\beta)\right)}{Q^{-1}(\beta)\rho N_c |h_{\text{Ev}}|^2 + \vartheta\sqrt{K}\rho|h_{\text{Ev}}|^2} \approx \frac{1}{\sqrt{K}}\frac{\eta_{\text{Ev}}W_{\text{Ev}}\left(Q^{-1}(\alpha) - Q^{-1}(\beta)\right)}{\vartheta\rho|h_{\text{Ev}}|^2} \qquad (2.52)$$

根据式（2.52）可知 P_{L}^* 的表达式为

$$P_{\text{L}}^* = \frac{1}{\sqrt{K}}\frac{\eta_{\text{Ev}}W_{\text{Ev}}\left(Q^{-1}(\alpha) - Q^{-1}(\beta)\right)}{\vartheta\rho|h_{\text{Ev}}|^2} \qquad (2.53)$$

另外，将式（2.51）代入式（2.49）可得

$$Q\left(Q^{-1}(\alpha) - \frac{\vartheta K\rho|h_{\text{Ev}}|^2 P}{\sqrt{K}\eta_{\text{Ev}}W_{\text{Ev}}}\right) \leqslant \beta, \quad P \leqslant \frac{\eta_{\text{Ev}}W_{\text{Ev}}Q^{-1}(\alpha)}{\sqrt{K}\vartheta\rho|h_{\text{Ev}}|^2} \qquad (2.54)$$

根据 Q 函数的定义可得

$$\begin{aligned} & Q\left(Q^{-1}(\alpha) - \frac{\vartheta K\rho|h_{\text{Ev}}|^2 P}{\sqrt{K}\eta_{\text{Ev}}W_{\text{Ev}}}\right) \\ & = \int_{Q^{-1}(\alpha)}^{\infty} \frac{1}{\sqrt{2\pi}}e^{-\frac{t^2}{2}}dt + \int_{Q^{-1}(\alpha) - \frac{\vartheta K\rho|h_{\text{Ev}}|^2 P}{\sqrt{K}\eta_{\text{Ev}}W_{\text{Ev}}}}^{Q^{-1}(\alpha)} \frac{1}{\sqrt{2\pi}}e^{-\frac{t^2}{2}}dt \\ & \geqslant \alpha + \frac{1}{\sqrt{2\pi}}e^{-\frac{\left(Q^{-1}(\alpha)\right)^2}{2}}\frac{\vartheta K\rho|h_{\text{Ev}}|^2 P}{\sqrt{K}\eta_{\text{Ev}}W_{\text{Ev}}} \end{aligned} \qquad (2.55)$$

从式（2.55）可知，为使式（2.54）成立，发送功率必须满足

$$P \leqslant \frac{\eta_{\text{Ev}}W_{\text{Ev}}}{\sqrt{K}\vartheta\rho|h_{\text{Ev}}|^2}\min\left\{\sqrt{2\pi}(\beta - \alpha)e^{\frac{\left(Q^{-1}(\alpha)\right)^2}{2}}, Q^{-1}(\alpha)\right\} \qquad (2.56)$$

根据式（2.56）可以得到 P_{U}^* 的表达式为

$$P_{\mathrm{U}}^{*} = \frac{1}{\sqrt{K}} \frac{\eta_{\mathrm{Ev}} W_{\mathrm{Ev}}}{\vartheta \rho |h_{\mathrm{Ev}}|^2} \min\left\{ \sqrt{2\pi}(\beta-\alpha) \mathrm{e}^{\frac{(Q^{-1}(\alpha))^2}{2}}, Q^{-1}(\alpha) \right\} \tag{2.57}$$

综合式（2.53）和式（2.57）可以得到非相干侦听情况下最大发送功率 P^* 的表达式为

$$P^* = \frac{1}{\sqrt{K}} \frac{\eta_{\mathrm{Ev}} W_{\mathrm{Ev}}}{\vartheta \rho |h_{\mathrm{Ev}}|^2} c_2(\alpha, \beta) \tag{2.58}$$

式中：$c_2(\alpha, \beta)$ 是一个大于零的常数，其取值由 α 和 β 决定，即

$$Q^{-1}(\alpha) - Q^{-1}(\beta) \leqslant c_2(\alpha, \beta) \leqslant \min\left\{ \sqrt{2\pi}(\beta-\alpha) \mathrm{e}^{\frac{(Q^{-1}(\alpha))^2}{2}}, Q^{-1}(\alpha) \right\} \tag{2.59}$$

根据 2.2.1 节中的介绍可知，K 代表侦听方在侦收时间内能够截获到信号的最大采样点数，也代表侦听方的侦收时间长度。从式（2.52）可见，在非相干侦听的情况下，信号发送功率 P 与侦收时长 K 间的关系有着与相干侦听情况下类似的变化规律。当 $|\Pi_1| = o(K/N_c)$ 时，式（2.47）可以被表示为

$$Q\left(\frac{\sqrt{K}(V - \eta_{\mathrm{Ev}} W_{\mathrm{Ev}})}{\eta_{\mathrm{Ev}} W_{\mathrm{Ev}}} \right) \leqslant \beta \tag{2.60}$$

从式（2.51）中的判决门限设置方式可知，式（2.60）恒成立。此时，非相干侦收所带来的隐蔽性约束不会限制通信信号的发送功率 P。这一结论进一步证明了多维域隐蔽通信的优势。

对比式（2.43）和式（2.58）可知，与非相干侦听相比，相干侦听时的最大传输功率多了一个因子 $\left(\rho\sqrt{N_c}\right)^{-1}$。因此，当 $\rho < N_c^{-1/2}$ 时，非相干侦收对信号的发送功率提出了比相干侦收更为严苛的要求。产生这一现象的主要原因是，在 $\rho < N_c^{-1/2}$ 的情况下，侦听方所能截获到的信号能量过少，经过相干累积之后，信号中混入了大量的噪声，使得发送信号更难以被侦测到。这一结果表明，当侦听方无法截获到足够多的信号能量时，非相干侦收反而比相干侦收有更好的侦测能力。因此，除了突破 $1/\sqrt{K}$ 的衰减规律外，多维域隐蔽通信能够恶化侦听方的相干侦收性能，从而进一步限制侦听方的侦测能力，提升隐蔽通信双方之间的传输速率。

2.3.1.3 多维域隐蔽通信速率

令 Ξ 为满足 $|\Pi_1| = \vartheta K/N_c$ 的侦听参数 $(\xi_C, \xi_\theta, \xi_\mu, \xi_f, \ell_{\mathrm{Ev}}, t_{\mathrm{Ev}}, T_{\mathrm{Ev}})$ 所组成的集合。当 $\Xi \neq \varnothing$ 时，根据式（2.28）、式（2.43）和式（2.58）可以得到多维域隐

蔽通信系统收发双方之间的最大可达通信速率为

$$R = \frac{1}{2}\log_2\left(1 + \frac{\Upsilon}{\eta_{\mathrm{Rx}}W_{\mathrm{Rx}}}\right)$$

$$\Upsilon = \min\left\{\frac{1}{\sqrt{K}}\frac{|h_{\mathrm{Rx}}|^2 \eta_{\mathrm{Ev}}W_{\mathrm{Ev}}\Delta}{\vartheta|h_{\mathrm{Ev}}|^2}, |h_{\mathrm{Rx}}|^2 P_{\max}\right\}$$

$$\Delta = \min_{(\xi_C,\xi_\theta,\xi_\mu,\xi_f,t_{\mathrm{Ev}},t_{\mathrm{Ev}},T_{\mathrm{Ev}})\in\Xi}\left\{\min\left\{\frac{1\left(C_{\mathrm{Tx}}\notin\mathcal{C}_{\mathrm{Ev}}^{\xi_C}\right)\Lambda + c_1(\alpha,\beta)}{\rho^2\left(\mathcal{U}_{\mathrm{Ev}}^{\xi_\mu},\mathcal{F}_{\mathrm{Ev}}^{\xi_f}\right)\sqrt{N}},\right.\right.$$
$$\left.\left.\frac{c_2(\alpha,\beta)}{\rho\left(\mathcal{U}_{\mathrm{Ev}}^{\xi_\mu},\mathcal{F}_{\mathrm{Ev}}^{\xi_f}\right)}\right\}\right\} \quad (2.61)$$

式中：Λ 是一个很大的常数。Λ 的引入保证了在 $C_{\mathrm{Tx}}\notin\mathcal{C}_{\mathrm{Ev}}^{\xi_C}$ 的情况下，式（2.61）中的对应项不会对多维域隐蔽通信性能产生影响。当 $\Xi=\varnothing$ 时，多维域隐蔽通信系统收发双方之间的最大可达通信速率为

$$R = \frac{1}{2}\log_2\left(1 + \frac{|h_{\mathrm{Rx}}|^2 P_{\max}}{\eta_{\mathrm{Rx}}W_{\mathrm{Rx}}}\right) \quad (2.62)$$

由式（2.61）可知，当 $\Xi\neq\varnothing$ 时，随着侦听时长的增长多维域隐蔽通信系统收发双方之间的可达速率近似满足

$$R \approx \frac{1}{\sqrt{K}}\frac{1}{2\ln 2}\frac{|h_{\mathrm{Rx}}|^2 \eta_{\mathrm{Ev}}W_{\mathrm{Ev}}\Delta}{\vartheta|h_{\mathrm{Ev}}|^2 \eta_{\mathrm{Rx}}W_{\mathrm{Rx}}} \quad (2.63)$$

式（2.63）中运用了当 $x\to 0$ 时 $\ln(1+x)\approx x$ 和 $\log_a b = \ln b/\ln a$ 两个条件。这一结果显示，在侦听方能够截获到足够多的符号时，隐蔽通信双方的可达速率随侦收时长 K 的增长呈 $K^{-1/2}$ 的衰减。当侦收方无法截获到足够多的符号时，收发双方的可达速率受限于发送方的最大发送功率。

2.3.2 有限码长下的隐蔽通信性能

与无限码长的情况类似，有限码长下多维域隐蔽通信仍需要满足式（2.28）中的隐蔽性约束和功率约束。根据 2.3.1 节的讨论可知，式（2.28）中的隐蔽性约束主要是限制了通信信号的发送功率。因此，刻画有限码长隐蔽通信性能的关键是要建立功率受限情形下收发双方的最大可达速率。在码长有限的情况下，收发双方之间能够发送的符号数量受限，因此无法按照式（2.28）的目标函数对隐蔽通信的速率进行刻画。由信息论可知，在编码长度 n_s 和误块率 ε 的约束

下，有限长信道编码的最大可达编码效率相较于无限码长的情况存在着一定的损失。Yury Polyanskiy 等指出满足功率约束 $1/|\Omega|\sum_{j=1}^{|\Omega|}\|\omega_j\|^2 \leq n_s P$ 的编码在加性高斯白噪声信道中最大可达速率为[8]

$$\mathcal{R}^*(n_s,\varepsilon) = \frac{1}{2}\log_2\left(1+\frac{P}{\eta_{\text{Rx}}W_{\text{Rx}}}\right) - \sqrt{\frac{P(P/\eta_{\text{Rx}}W_{\text{Rx}}+2)}{2\eta_{\text{Rx}}W_{\text{Rx}}n_s}}\frac{\log_2 e}{P/\eta_{\text{Rx}}W_{\text{Rx}}+1} \\ Q^{-1}(\varepsilon) + O\left(\frac{\log_2 n_s}{n_s}\right) \quad (2.64)$$

式中：Ω 是收发双方所采用的码本；ω_j 是码本 Ω 中的码字；$\|\omega_j\|^2$ 是码字 ω_j 的功率。$g(n_s) = O\left((\log_2 n_s)/n_s\right)$ 表示当 n_s 足够大时 $g(n_s) \leq \vartheta_{n_s}(\log_2 n_s)/n_s$，$\vartheta_{n_s}$ 是有限常数[9]。在 2.3.1 节的推导过程中假设收发双方之间用于隐蔽通信的码本是由高斯分布采样而来。由于高斯分布具有随机性，因此无法完全保证码本中的码字满足式（2.64）所要求的功率约束。令 Ω_G 代表由高斯分布采样而得到的码本。根据切比雪夫不等式，任意由均值为 0 方差为 P 的高斯分布采样而产生的码本 Ω_G 需满足以下条件：

$$\mathbb{P}\left(\left|1/|\Omega_G|\sum_{j=1}^{|\Omega_G|}\|\omega_j\|^2 - n_s P\right| \geq n_s \delta\right) \leq \frac{P^2}{|\Omega_G|n_s \delta^2} \quad (2.65)$$

式中：n_s 是 Ω_G 中码字的长度；δ 为大于零的常数。根据式（2.65）可得

$$\mathbb{P}\left(1/|\Omega_G|\sum_{j=1}^{|\Omega_G|}\|\omega_j\|^2 \leq n_s(P+\delta)\right) \geq 1 - \frac{P^2}{|\Omega_G|n_s\delta^2} \quad (2.66)$$

从式（2.64）和式（2.66）可知，当使用式（2.65）中的码本 Ω_G 进行通信时，收发双方在加性高斯白噪声信道中的可达速率 $R(n_s,\varepsilon)$ 以 $1 - P^2/|\Omega_G|n_s\delta^2$ 的概率满足

$$R(n_s,\varepsilon) \leq \frac{1}{2}\log_2\left(1+\frac{P+\delta}{\eta_{\text{Rx}}W_{\text{Rx}}}\right) - \\ \sqrt{\frac{(P+\delta)\left(\frac{P+\delta}{\eta_{\text{Rx}}W_{\text{Rx}}}+2\right)}{2n_s\eta_{\text{Rx}}W_{\text{Rx}}}}\frac{\eta_{\text{Rx}}W_{\text{Rx}}\log_2 e}{P+\delta+\eta_{\text{Rx}}W_{\text{Rx}}}Q^{-1}(\varepsilon) + O\left(\frac{\log_2 n_s}{n_s}\right) \quad (2.67)$$

因为在推导最大速率 $\mathcal{R}^*(n_s,\varepsilon)$ 时所使用的码本并未以高斯分布采样的方式而产生，所以在使用码本 Ω_G 进行通信时收发双方之间的可达速率可能无法达到 $\mathcal{R}^*(n_s,\varepsilon)$。因此，式（2.67）中采用了不等式的形式。

根据 2.3.1 节可知，令式（2.67）中的 $P = P_{\max}$，可得当 $\Xi = \emptyset$ 时有限码长的

多维域隐蔽通信系统收发双方之间的可达通信速率。令式（2.67）中的 $P=\Upsilon$，可得当 $\Xi \neq \varnothing$ 时有限码长的多维域隐蔽通信系统收发双方之间的可达通信速率，其中，Υ 的定义如式（2.61）所示。因此，当 $\Xi \neq \varnothing$ 且侦听方的侦听时间足够长时，收发双方之间的隐蔽通信速率近似满足

$$R(n_s,\varepsilon) \leqslant \underbrace{\frac{1}{2\ln 2} \frac{\frac{1}{\sqrt{K}}|h_{\text{Rx}}|^2 \eta_{\text{Ev}}W_{\text{Ev}}\Delta + \delta\vartheta|h_{\text{Ev}}|^2}{\eta_{\text{Rx}}W_{\text{Rx}}\vartheta|h_{\text{Ev}}|^2}}_{\mathcal{O}_1}$$
$$-\underbrace{\log_2 \text{eQ}^{-1}(\varepsilon)\sqrt{\frac{\frac{1}{\sqrt{K}}|h_{\text{Rx}}|^2 \eta_{\text{Ev}}W_{\text{Ev}}\Delta + \delta\vartheta|h_{\text{Ev}}|^2}{n_s\eta_{\text{Rx}}W_{\text{Rx}}\vartheta|h_{\text{Ev}}|^2}}}_{\mathcal{O}_2} + O\left(\frac{\log_2 n_s}{n_s}\right) \quad (2.68)$$

由式（2.68）可知，$R(n_s,\varepsilon)$ 随侦听长度 K 的变化规律不仅取决于信道容量 $\mathcal{O}_1$ 随 K 的变化规律，还受到由有限码长和误块率所导致的速率损失 $\mathcal{O}_2$ 的影响。虽然信道容量 $\mathcal{O}_1$ 随着 K 的增大而减小，但可达速率 $R(n_s,\varepsilon)$ 与信道容量间的差距 $\mathcal{O}_2$ 也随着 K 的增长而缩小。因此，可达速率 $R(n_s,\varepsilon)$ 的变化取决于 $\mathcal{O}_1$ 和 $\mathcal{O}_2$ 随 K 的变化率。如式（2.68）所示，$\mathcal{O}_1 - \mathcal{O}_2$ 具有 $ax - b\sqrt{x}$ 的形式，其中，$a = 1/(2\ln 2)$，$b = \log_2 \text{eQ}^{-1}(\varepsilon)/\sqrt{\eta}$。通过对 $ax - b\sqrt{x}$ 求导，可以得到 $ax - b\sqrt{x}$ 在 $\left[(b/2a)^2, +\infty\right)$ 上单调递增。同时，为保证式（2.68）的有效性，x 的取值需要满足 $x \geqslant (b/a)^2$。因此，在式（2.68）成立的范围内，$R(n_s,\varepsilon)$ 速率随着侦听长度 K 的增加而降低。

当 $\Xi \neq \varnothing$ 且侦听方截获的符号数 $|\Pi_1| = \vartheta K/N_c$ 时，码字长度 n_s 至少应当满足 $n_s = \Theta(K)$。将这一结论代入式（2.68），可得在 δ 足够小的情况下，随着 K 的增加，$R(n_s,\varepsilon)$ 需满足

$$R(n_s,\varepsilon) \leqslant \frac{1}{\sqrt{K}} \frac{1}{2\ln 2} \frac{|h_{\text{Rx}}|^2 \eta_{\text{Ev}}W_{\text{Ev}}\Delta}{\eta_{\text{Rx}}W_{\text{Rx}}\vartheta|h_{\text{Ev}}|^2} \quad (2.69)$$

对比式（2.63）和式（2.69）可知，当 K 足够大时，有限码长有着与无限码长类似的隐蔽通信性能。产生这一现象的主要原因是在 $|\Pi_1| = \vartheta K/N_c$ 的情况下，码字的码长 n_s 将随着 K 的增加而增长，从而使得有限码长下的通信性能不断地逼近无限码长下的通信性能。因此，式（2.69）中的通信速率呈现出了与式（2.63）相同的变化规律。

2.3.3 侦听信道质量信息对隐蔽通信性能的影响

若侦听方信道状态未知,则发送方在构造通信信号的隐蔽性约束时还需要考虑信道状态 h_{Ev} 的随机性。此时,式(2.28)中通信信号的隐蔽性约束应当被改写为

$$\mathrm{E}_{|h_{\mathrm{Ev}}|^2}\left[\mathcal{D}\left(\mathcal{B}_f,\mathcal{B}_\mu,\mathcal{B}_\theta,\mathcal{B}_\mathcal{L},\mathcal{B}_t,\mathcal{B}_T,\mathcal{B}_C\right)\right]\leqslant\beta \tag{2.70}$$

式中:$\mathrm{E}_{|h_{\mathrm{Ev}}|^2}[.]$ 表示对 $|h_{\mathrm{Ev}}|^2$ 的概率分布求期望。与 2.3.1 节类似,在 $C_{\mathrm{Tx}}\in\mathcal{C}_{\mathrm{Ev}}^{\xi_C}$ 和 $C_{\mathrm{Tx}}\notin\mathcal{C}_{\mathrm{Ev}}^{\xi_C}$ 的情况下,为满足式(2.70)中的隐蔽性约束,隐蔽通信信号的发送功率 P 需要满足

$$\begin{cases} C_{\mathrm{Tx}}\in\mathcal{C}_{\mathrm{Ev}}^{\xi_C}:\mathrm{E}_{|h_{\mathrm{Ev}}|^2}\left[\mathbb{P}_{\mathrm{D},c}\left(\Theta_{\mathrm{Ev}}^{\xi_\theta},\mathcal{U}_{\mathrm{Ev}}^{\xi_\mu},\mathcal{F}_{\mathrm{Ev}}^{\xi_f},\ell_{\mathrm{Ev}},t_{\mathrm{Ev}},T_{\mathrm{Ev}}\right)\right]\leqslant\beta \\ \qquad\qquad\mathrm{E}_{|h_{\mathrm{Ev}}|^2}\left[\mathbb{P}_{\mathrm{D}}\left(\Theta_{\mathrm{Ev}}^{\xi_\theta},\mathcal{U}_{\mathrm{Ev}}^{\xi_\mu},\mathcal{F}_{\mathrm{Ev}}^{\xi_f},\ell_{\mathrm{Ev}},t_{\mathrm{Ev}},T_{\mathrm{Ev}}\right)\right]\leqslant\beta \\ C_{\mathrm{Tx}}\notin\mathcal{C}_{\mathrm{Ev}}^{\xi_C}:\mathrm{E}_{|h_{\mathrm{Ev}}|^2}\left[\mathbb{P}_{\mathrm{D}}\left(\Theta_{\mathrm{Ev}}^{\xi_\theta},\mathcal{U}_{\mathrm{Ev}}^{\xi_\mu},\mathcal{F}_{\mathrm{Ev}}^{\xi_f},\ell_{\mathrm{Ev}},t_{\mathrm{Ev}},T_{\mathrm{Ev}}\right)\right]\leqslant\beta \end{cases} \tag{2.71}$$

由式(2.71)可知,信号的发送功率需要满足由相干侦听和非相干侦听所带来的隐蔽性约束。接下来,我们将对这两种情况下的发送功率约束分别进行讨论。

根据 2.3.1.1 节中的结果,相干侦听时的隐蔽性约束可以表示为

$$\mathrm{E}_{|h_{\mathrm{Ev}}|^2}\left[Q\left(\frac{\sqrt{K/N_c}N_c\eta_{\mathrm{Ev}}W_{\mathrm{Ev}}Q^{-1}(\alpha)-|\Pi_1|\rho^2 N_c^2|h_{\mathrm{Ev}}|^2 P}{\sqrt{|\Pi_1|\left(N_c\eta_{\mathrm{Ev}}W_{\mathrm{Ev}}+\rho^2 N_c^2|h_{\mathrm{Ev}}|^2 P\right)^2+|\Pi_2|\left(N_c\eta_{\mathrm{Ev}}W_{\mathrm{Ev}}\right)^2}}\right)\right]\leqslant\beta \tag{2.72}$$

令 ς 满足 $\mathrm{P}\left(|h_{\mathrm{Ev}}|^2\geqslant\varsigma\right)=\vartheta_\varsigma\beta$,其中 $0\leqslant\vartheta_\varsigma\leqslant 1$ 是一个常数。根据 ϑ_ς 的定义可知

$$\begin{aligned}&\mathrm{E}_{|h_{\mathrm{Ev}}|^2}\left[Q\left(\frac{\sqrt{K/N_c}N_c\eta_{\mathrm{Ev}}W_{\mathrm{Ev}}Q^{-1}(\alpha)-|\Pi_1|\rho^2 N_c^2|h_{\mathrm{Ev}}|^2 P}{\sqrt{|\Pi_1|\left(N_c\eta_{\mathrm{Ev}}W_{\mathrm{Ev}}+\rho^2 N_c^2|h_{\mathrm{Ev}}|^2 P\right)^2+|\Pi_2|\left(N_c\eta_{\mathrm{Ev}}W_{\mathrm{Ev}}\right)^2}}\right)\right]\\&\leqslant\int_0^\varsigma Q\left(\frac{\sqrt{K/N_c}N_c\eta_{\mathrm{Ev}}W_{\mathrm{Ev}}Q^{-1}(\alpha)-|\Pi_1|\rho^2 N_c^2 tP}{\sqrt{|\Pi_1|\left(N_c\eta_{\mathrm{Ev}}W_{\mathrm{Ev}}+\rho^2 N_c^2 tP\right)^2+|\Pi_2|\left(N_c\eta_{\mathrm{Ev}}W_{\mathrm{Ev}}\right)^2}}\right)f_{|h_{\mathrm{Ev}}|^2}(t)\mathrm{d}t+\vartheta_\varsigma\beta\end{aligned} \tag{2.73}$$

若函数 $q(t)$ 满足 $q(t)\leqslant\beta$,$\forall t\in[0,\varsigma]$,则 $\int_0^\varsigma q(t)f_{|h_{\mathrm{Ev}}|^2}(t)\mathrm{d}t\leqslant\beta$。当 $\vartheta_\varsigma\leqslant 1-\alpha/\beta$ 时,可以根据式(2.73)得到式(2.72)成立的充分条件为

$$P \leqslant \frac{N_c \eta_{\text{Ev}} W_{\text{Ev}} \left(Q^{-1}(\alpha) - Q^{-1}\left((1-\vartheta_\varsigma)\beta \right) \right)}{\vartheta \sqrt{K/N_c} \rho^2 N_c^2 \varsigma + \rho^2 N_c^2 \varsigma} \approx$$
$$\frac{\eta_{\text{Ev}} W_{\text{Ev}} \left(Q^{-1}(\alpha) - Q^{-1}\left((1-\vartheta_\varsigma)\beta \right) \right)}{\vartheta \sqrt{K/N_c} \rho^2 N_c \varsigma} \quad (2.74)$$

同时，可以根据 Q 函数的定义得到

$$\mathbb{E}_{|h_{\text{Ev}}|^2}\left[Q\left(\frac{\sqrt{K/N_c} N_c \eta_{\text{Ev}} W_{\text{Ev}} Q^{-1}(\alpha) - |\Pi_1| \rho^2 N_c^2 |h_{\text{Ev}}|^2 P}{\sqrt{|\Pi_1|\left(N_c \eta_{\text{Ev}} W_{\text{Ev}} + \rho^2 N_c^2 |h_{\text{Ev}}|^2 P \right)^2 + |\Pi_2|\left(N_c \eta_{\text{Ev}} W_{\text{Ev}} \right)^2}} \right) \right]$$
$$\geqslant \int_{\frac{\sqrt{K/N_c} \eta_{\text{Ev}} W_{\text{Ev}} Q^{-1}(\alpha)}{|\Pi_1| \rho^2 N_c P}}^{\infty} Q\left(\frac{\sqrt{K/N_c} N_c \eta_{\text{Ev}} W_{\text{Ev}} Q^{-1}(\alpha) - |\Pi_1| \rho^2 N_c^2 t P}{\sqrt{|\Pi_1|\left(N_c \eta_{\text{Ev}} W_{\text{Ev}} + \rho^2 N_c^2 t P \right)^2 + |\Pi_2|\left(N_c \eta_{\text{Ev}} W_{\text{Ev}} \right)^2}} \right) \quad (2.75)$$
$$f_{|h_{\text{Ev}}|^2}(t) \mathrm{d}t$$
$$\geqslant \frac{1}{2} \overline{F}_{|h_{\text{Ev}}|^2}\left(\frac{\sqrt{K/N_c} \eta_{\text{Ev}} W_{\text{Ev}} Q^{-1}(\alpha)}{|\Pi_1| \rho^2 N_c P} \right)$$

式中：$\overline{F}_{|h_{\text{Ev}}|^2}(x) = 1 - \mathbb{P}\left(|h_{\text{Ev}}|^2 \leqslant x \right)$。由式（2.75）可以得到式（2.72）成立的必要条件为

$$\frac{1}{2} \overline{F}_{|h_{\text{Ev}}|^2}\left(\frac{\sqrt{K/N_c} \eta_{\text{Ev}} W_{\text{Ev}} Q^{-1}(\alpha)}{|\Pi_1| \rho^2 N_c P} \right) \leqslant \beta \quad (2.76)$$

即为保证相干侦听情况下的隐蔽性，发送功率必须满足

$$P \leqslant \frac{\eta_{\text{Ev}} W_{\text{Ev}} Q^{-1}(\alpha)}{\vartheta \sqrt{K/N_c} \rho^2 N_c \overline{F}_{|h_{\text{Ev}}|^2}^{-1}(2\beta)} \quad (2.77)$$

由式（2.74）和式（2.77）可知，在发送方不知道侦听信道状态的情况下，为保证通信的隐蔽性，其最大发送功率需满足

$$P^* = \frac{1}{\sqrt{K/N_c}} \frac{\eta_{\text{Ev}} W_{\text{Ev}}}{\vartheta \rho^2 N_c} c_3(\alpha, \beta) \quad (2.78)$$

其中，$c_3(\alpha, \beta)$ 可以表示为

$$\frac{\left(Q^{-1}(\alpha) - Q^{-1}\left((1-\vartheta_\varsigma)\beta \right) \right)}{\varsigma} \leqslant c_3(\alpha, \beta) \leqslant \frac{Q^{-1}(\alpha)}{\overline{F}_{|h_{\text{Ev}}|^2}^{-1}(2\beta)} \quad (2.79)$$

采用类似的思路，结合式（2.55）可知为满足非相干侦收时的隐蔽性约束，信号的最大发送功率 P^* 需满足

$$P^* = \frac{1}{\sqrt{K}} \frac{\eta_{\mathrm{Ev}} W_{\mathrm{Ev}}}{\vartheta \rho} c_4(\alpha, \beta) \tag{2.80}$$

其中

$$\frac{Q^{-1}(\alpha) - Q^{-1}((1-\vartheta_\varsigma)\beta)}{\varsigma} \leqslant c_4(\alpha, \beta) \leqslant \frac{Q^{-1}(\alpha)}{\overline{F}^{-1}_{|h_{\mathrm{Ev}}|^2}(2\beta)} \tag{2.81}$$

从式（2.78）和式（2.80）可见，在侦听信道未知的情况下，信号的最大发送功率与侦听时长间的关系呈现出与侦听信道已知情况下相同的变化规律。式（2.72）中不等式的左边本质上是多个 Q 函数的加权平均，即式（2.72）所对应的隐蔽性约束实质上是要求多个 Q 函数的加权平均不能超过 β。因此，式（2.72）中的约束可以等效为对于各个 Q 函数的不等式约束，而各约束的具体形式由侦听信道的统计特性所决定。从 2.3 节的分析可知，在不同的 Q 函数约束下，信号发送功率 P 与侦听时长 K 之间均具有相同的变化规律，故在侦听信道状态未知的情况下二者之间呈现出与侦听信道状态已知情况相同的变化规律。另外，对比式（2.44）、式（2.59）、式（2.79）和式（2.81）可知，当侦听信道状态的变化范围较大时，发送信号功率需要进行一定的回退以保证侦听信道状态未知时的隐蔽性。这一现象体现了侦听信道状态的不确定性对发送功率的影响。

2.4 多维域弥散与隐蔽通信速率

根据之前的讨论可知，通信信道质量相对于侦听信道质量的优势是信号实现隐蔽传输的基础。在前几节理论分析的基础上，本节以无限码长下的隐蔽通信为例探究由信号能量多维域弥散所建立的通信信道质量的相对优势对隐蔽通信性能的影响。为突出多维域弥散的作用，本节首先在通信信道质量与侦听信道质量完全相同的情况下，从时、频、空、码等角度研究多维域弥散对侦听方信号侦测能力的影响，随后进一步讨论在差异化信道质量下由信号能量多维域弥散所带来的性能增益。需要特别指出的是，本节假设 $|\Pi_1| = \vartheta K / N_c$ 至少在侦听方所选取的一组侦听参数下成立。否则，根据 2.3 节的讨论可知，隐蔽通信过程将退化为一般的通信过程，信号可以直接采用最大的发送功率进行发送。

2.4.1 同质化信道质量下的多维域弥散

图 2.6 从码域和频域两方面探讨了多维域弥散对隐蔽通信速率的影响。图

中发送信号按照跳扩的方式，采用长度为128的扩频码和64个跳频频点进行传输。扩频之前的信号带宽为19.5 kHz。当发送方采用最大功率 P_{max} 进行信号传输时，侦听方处所产生的接收信噪比为3 dB。侦听方认为发送信号所采用的扩频码、频点和起始时间分别处于大小为 $18L_C$ 的集合 $\mathcal{B}_C$、大小为 $64L_f$ 的集合 $\mathcal{B}_f$ 和大小为1024的集合 $\mathcal{B}_t$ 中。侦听方可以同时侦听64个连续的频点。在进行信号侦听的过程中，侦听方随机地选取集合 $\mathcal{B}_C$ 中序号为 l_C 至 l_C+17 的扩频码，集合 $\mathcal{B}_f$ 中序号为 l_f 至 l_f+63 的频点和集合 $\mathcal{B}_t$ 中序号为 l_t 的时刻进行相干侦收，其中 $l_C \in \{1,2,\cdots,18L_C-17\}$，$l_f \in \{1,2,\cdots,64L_f-63\}$ 和 $l_t \in \{1,2,\cdots,1024\}$。不失一般性，设发送信号所采用的扩频码为集合 $\mathcal{B}_C$ 中序号为1的扩频序列，采用的跳频频点为集合 $\mathcal{B}_f$ 中序号1到64的频点。信号发送的起始时刻为集合 $\mathcal{B}_t$ 中的最后一个元素所对应的时刻。此外，侦听方随机地选取 $\mathcal{B}_\mathcal{L}$ 中的一个位置，采用全向天线进行信号侦收，即侦听方的侦收角度覆盖了 $\mathcal{B}_\theta$ 中所有可能的到达角。$\mathcal{B}_\mathcal{L}$ 由以发送方为中心、圆心角为90°的扇形上的点所构成，并且 $\mathcal{B}_\mathcal{L}$ 内各点所对应的位置均被发送波束所覆盖。图 2.6 中的结果显示，隐蔽通信的速率随着 L_C 和 L_f 的增加而增长。L_C 和 L_f 代表了侦听方关于通信信号的先验知识，其取值越大，侦听方对于通信信号参数的不确定度越大。此时，受侦听方自身侦测能力所限，侦听方进行信号侦收的难度也在不断地增大。因此，通信信号能量在码域和频域的弥散有效地限制了侦听方的信号侦测能力，使得发送方能够以更高的发送功率进行信号传输而不必担心被侦听方所发现。图 2.6 中的结果体现了多维域弥散的作用与优势。

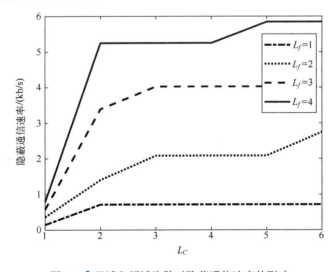

图 2.6 ｜ 码域和频域弥散对隐蔽通信速率的影响

图 2.7 从空域和时域的角度分析了多维域弥散对隐蔽通信性能的影响。图

2.7 将 L_c 和 L_f 的取值均设为 3。集合 $\mathcal{B}_t$ 中包含 $1024L_t$ 个起始时刻,信号在 $\mathcal{B}_t$ 中最后一个元素所对应的时刻发送。受发送波束宽度影响,通信信号仅能覆盖 $\mathcal{B}_\mathcal{L}$ 内部分的点所对应的位置。这些点处于以发送方为圆心、以波束宽度为圆心角的扇形上。除上述几点之外,图 2.7 沿用了与图 2.6 相同的参数设置。图 2.7 显示,隐蔽通信的速率随着发送波束宽度的增加而降低,随着 L_t 的增加而升高。若发送方的波束宽度越大,则侦听方所处的位置越有可能被发送波束所覆盖。此时,发送方必须限制自身的发送功率以保证通信信号的隐蔽性,从而影响了隐蔽通信的速率。另外,L_t 越大,侦听方对于通信信号起始时刻的不确定度越大,故随着 L_t 的增加,侦听方截获通信信号的难度也在不断增大。因此,L_t 的增加缓解了隐蔽性需求对信号发送功率的制约,带来了隐蔽通信速率的提升。上述结果进一步表明了信号的多维域弥散能够有效地提升隐蔽通信速率。

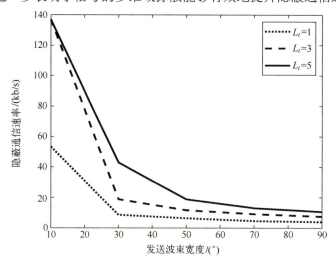

图 2.7 ▎空域和时域弥散对隐蔽通信速率的影响

2.4.2 差异化信道质量下的多维域弥散

图 2.8 分析了在通信信道和侦听信道质量不同的情况下,信号能量的多维域弥散对隐蔽通信速率的影响。图 2.8 使用了与图 2.7 相同的参数设置,唯一的区别是 $L_t=1$。图 2.8 中多维域隐蔽所对应的曲线代表发送信号采用多维域弥散时的隐蔽通信速率。图 2.8 中文献[1]的方案是现有低检测概率通信中最具代表性的通信方案。该方案不采用多维域弥散,而是通过单纯地降低信号发送功率来降低信号被侦测的概率,即该方案在发送功率设置的时候假定侦收方能够截获并利用所有的通信符号进行信号侦测。图 2.8 的结果显示,文献[1]中的方案即使在通信信道质量占优的情况下仍然难以获取有意义的通信速率。与之相比,

信号的多维域弥散能够使得收发双方在通信信道质量并不占优的情况下实现一定速率的通信,并且通信速率随着通信信道质量优势的增加而快速增长。根据2.4.1节的讨论可知,通信信号的多维域弥散能够有效地降低侦听方对于该信号的侦测能力,从而使得发送方能够以更高的发送功率进行信号传输。一旦信号多维域弥散对侦听方侦测能力的制约能够有效地弥补由通信信道质量的劣势所造成的影响,收发双方之间就能够实现有效的数据传输。这一结论进一步体现了多维域隐蔽通信的优势。

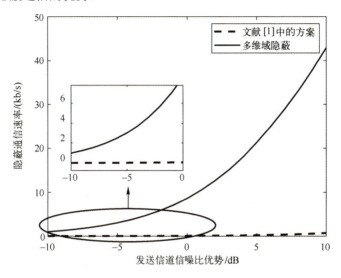

图 2.8 差异化信道质量下多维域弥散对隐蔽通信速率的影响

2.5 本章小结

本章建立了多维域隐蔽通信系统的数学模型和理论分析框架,给出了多维域隐蔽通信系统的性能边界,证明了多维域弥散对信号隐蔽性能的提升,讨论了各类因素对隐蔽通信性能的影响,为后续章节的展开奠定了基础。本章通过理论分析得到的主要结论如下:

(1)当侦听方截获的符号数量与侦收时长呈线性关系时,为保证通信信号的隐蔽性,发送功率具有与现有低检测概率通信类似的 $1/\sqrt{K}$ 的衰减规律。

(2)通过多维域弥散能够突破 $1/\sqrt{K}$ 的衰减规律,从而提升隐蔽通信系统的速率。

(3)信号的多维域弥散能够恶化侦听方的相干侦收性能,从而进一步限制侦听方的信号侦测能力,提升隐蔽通信双方之间的传输速率。

（4）多维域弥散对侦听方侦测能力的制约能够有效地弥补由通信信道质量的劣势对通信性能所造成的影响，实现通信信道劣势情形下有效、隐蔽的数据传输。

（5）有关侦听信道质量的信息不会影响最大发送功率随侦听时长的幂指数衰减规律，但是会造成一定程度的发送功率回退。

本章的分析结果验证了多维域隐蔽通信系统的有效性。接下来的章节将以本章内容为指导，从信号处理算法的角度进一步讨论如何实现多维域隐蔽通信。

参 考 文 献

[1] Bash B A, Goeckel D, Towsley D. Limits of Reliable Communication with Low Probability of Detection on AWGN Channels[J]. IEEE Journal on Selected Areas in Communications, 2013, 31(9): 1921-1930.

[2] Feller W. An Introduction to Probability Theory and Its Applications (Volume II)[M]. 2nd ed., New York: John Wiley & Sons, 1971.

[3] Kay S M. Fundamentals of Statistical Signal Processing (Volume II: Detection Theory)[M]. New Jersey: Prentice Hall, 1998.

[4] Olver F W J, Lozier D W, Boisvert R F, et al. NIST Handbook of Mathematical Functions[M]. New York: Cambridge University Press, 2010.

[5] Cover T M, Thomas J A. Elements of Information Theory[M]. 2nd ed., New Jersey: John Wiley & Sons, 2006.

[6] He B, Yan S, Zhou X, et al. Covert Wireless Communication with a Poisson Field of Interferers[J]. IEEE Transactions on Wireless Communications, 2018, 17(9): 6005-6017.

[7] Sobron I, Diniz P S R, Martins W A, et al. Energy Detection Technique for Adaptive Spectrum Sensing[J]. IEEE Transactions on Communications, 2015, 63(3): 617-627.

[8] Polyanskiy Y, Poor H V, Verdú, S. Channel Coding Rate in the Finite Blocklength Regime[J]. IEEE Transactions on Information Theory, 2010, 56(5): 2307-2359.

[9] Cormen T H, Leiserson C E, Rivest R L, et al. Introduction to Algorithms[M]. 3rd ed., London: Massachusetts Institute of Technology Press, 2009.

第3章 低零谱隐蔽通信

多维域隐蔽通信系统将通信信号能量在不同维域上进行弥散,降低信号被侦测的概率。信号能量在频域的弥散能够有效地降低通信信号的功率谱,甚至使其淹没于噪声功率表谱之下,呈现出低零谱的特性。虽然信号的低零谱特性能够提升其自身的抗侦测能力,但低零谱隐蔽通信系统也面临着诸多实现上的难题。因此,本章将以信号能量在频域上的弥散为出发点,聚焦低零谱隐蔽通信系统设计,探究直接序列扩频和快跳频隐蔽通信技术在实现上所面临的问题及解决方案。3.1 节首先给出基于直接序列扩频的低零谱伪码设计方案,随后介绍低零谱隐蔽信号的捕获及载波同步技术。3.2 节在直接序列扩频的基础上进一步讨论基于快速跳频的低零谱隐蔽通信增强技术,并重点介绍基于频率扫描滑动相关的快跳扩信号捕获算法。3.3 节讨论低零谱隐蔽通信在空天场景中的应用及其所面临的挑战。3.4节对本章的主要内容进行梳理和总结。

3.1 直接序列扩频技术

直接序列扩频技术是隐蔽通信的一种主流技术,在军事通信系统中得到了广泛的应用,通过对信号频谱进行扩展,直接序列扩频可以使信号以低于环境噪声的功率谱密度进行传输,从而降低信号在传输过程中被侦测到的概率。接下来,本节首先对直接序列扩频系统的模型和收发机信号处理流程进行简要介绍,随后着眼于扩频信号的收发关键技术,对伪码构造与优选方案以及扩频信号的快速同步技术进行阐述。

3.1.1 直接序列扩频系统模型

考虑一个点对点的直接序列扩频隐蔽通信系统。图 3.1 展示了直接序列扩频系统发送方的信号处理流程。如图所示,$s_c(t)$ 是码元持续时间为 T_s 的待传输信号,$C_m(t)$ 为直扩伪码生成器产生的伪随机码,并且每一扩频伪码码片的宽度为 T_c。将待传输信号 $s_c(t)$ 与直扩伪码 $C_m(t)$ 相乘,可得"白化"后的待传输序列。将该序列调制到目标频率后,可以得到直接序列扩频系统的发射信号。

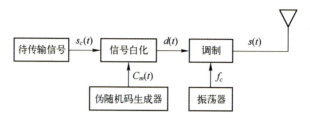

图 3.1 ┃ 直接序列扩频隐蔽通信系统发送方信号处理流程

图 3.2 展示了直接序列扩频系统在接收方的信号处理流程。直接序列扩频信号的接收流程大致可分为选频滤波、模数转换器(Analog to Digital Converter, ADC)采样、正交下变频、低通滤波、匹配滤波、干扰消除、捕获跟踪同步、载波同步、去白化(解扩)和帧同步。具体而言,接收信号经过选频滤波后得到扩频模拟接收信号,经过 ADC 采样后得到扩频数字接收信号;随后,将扩频数字接收信号进行下变频,得到相应的扩频基带信号,并对其进行低通、匹配滤波和干扰消除,以消除通带内外干扰对信号接收的不利影响;接下来,对滤波后的扩频信号进行同步,即从时、频、相三个维度分别对扩频接收信号的码相位、载波频率及载波相位进行校正;最后,对同步后的信号进行解扩和帧同步,得到发送的原始比特数据。

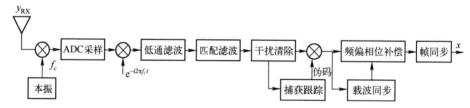

图 3.2 ┃ 直接序列扩频隐蔽通信系统接收方信号处理流程

在直接序列扩频隐蔽通信系统中,待传输信号的"白化"过程实现了信号频谱的扩展,使得传输信号的功率谱密度极低,可以有效降低信号在无线传输过程中被侦测的概率。同时,由于伪码序列与噪声以及干扰信号不相关,"去白化"过程相当于对干扰和噪声信号进行了频带扩展,因此其功率谱密度大幅降低,改善了解调器的输入信噪比和信干噪比,提升了系统的抗干扰能力。

3.1.2 伪码构造与优选

直接序列扩频信号的隐蔽性来自于发送信号的"白化"处理。该过程在不改变信号功率的前提下通过扩展发送信号的频谱来压低功率谱密度,使发送信号淹没在噪声中,实现信号的隐蔽传输。本小节将讨论扩频信号的伪码构造与优选方法,提出了基于迭代交织的扩频信号伪码设计方案。

3.1.2.1　基于迭代交织的扩频信号伪码构造

本小节重点讨论基于迭代交织的伪码构造方法,该方法以交织运算和反馈-迭代结构为基础进行直扩伪码生成器的设计,其数学基础是置换群理论。与传统的移位寄存器法、数论法、遗传算法等传统伪码构造方法不同,迭代交织法除满足兼容与互操作要求外,还可以灵活选择码长。值得注意的是,码长的灵活性在卫星导航和扩频通信信号体制设计中十分重要,一种码长灵活且性能良好的扩频伪码构造方法有利于在信号体制设计中对信号频谱带宽、信息速率和用户数量等进行折中调整。

迭代交织的原理如图3.3所示,迭代交织器由交织器和反馈-迭代环路组成,其运算过程包括种子序列通过交织运算产生一个输出序列,输出序列反馈回输入端作为下一次交织的输入序列,多次迭代交织的输出序列构成伪码的候选集合,其中,交织器由交织序列定义[1]。

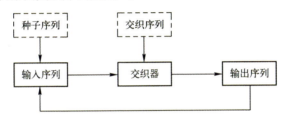

图 3.3　迭代交织原理图

交织器按照交织长度划分为分组交织器和卷积交织器,本小节只讨论长度有限且固定的分组交织器。交织器可以通过一种特殊的集合映射运算——置换运算(Permutation)进行数学描述,该运算是一种集合到自身的一一映射[2]。例如,集合 $\mathcal{S}=\{1,2,\cdots,n\}$ 上的双射函数 $\sigma:\mathcal{S}\to\mathcal{S}$ 构成了集合中 n 个元素的置换,称为 n 元置换[3],表示为

$$\sigma = \begin{Bmatrix} 1 & 2 & \cdots & n \\ \sigma(1) & \sigma(2) & \cdots & \sigma(n) \end{Bmatrix} \tag{3.1}$$

式中:$\sigma(1),\sigma(2),\cdots,\sigma(n)$ 是 $1,2,\cdots,n$ 的一个排列。此外,交织运算的实现过程也可以使用矩阵乘法进行描述[4]。记迭代交织过程中第一次迭代的输入序列 $U=U_0$,交织矩阵为 P,第 k 次迭代的输出序列为 V_k,则有

$$\begin{cases} V_1 = UP = U_0 P \\ V_2 = V_1 P = U_0 P^2 \\ \vdots \\ V_k = V_{k-1} P = U_0 P^k \end{cases} \tag{3.2}$$

迭代交织运算的实质是种子序列和交织矩阵的 k 次方,输出序列 V_k 由种子序列 U_0、交织矩阵 P 和迭代次数 k 决定。因此,基于迭代交织的伪码构造输入条件和参数包括伪码长度 L、伪码候选集合元素数 K、种子序列 U_0、交织矩阵 P。交织矩阵应通过自反性检验,其生成过程采用矩阵乘法表示。基于迭代交织的伪码构造具体步骤如下:

(1) 生成种子序列 U_0。其中

$$U_0(i) = \begin{cases} 1, i = 2n \\ 0, i = 2n+1 \end{cases} \tag{3.3}$$

将种子序列赋予输入序列 $U = U_0$,迭代计数器 $k = 1$。

(2) 交织生成伪码。输入序列 U 通过交织器产生输出序列 V_k,即

$$V_k = UP \tag{3.4}$$

V_k 保存为伪码候选集合中的第 k 个元素,V_k 反馈回输入端作为下一次的输入序列 $U = V_k$。

(3) 循环迭代。检查迭代计数器,如果 $k < K$,则更新迭代计数器 $k = k+1$,返回步骤(2)进行下一次迭代,否则停止迭代。

至此,候选伪码中已经包含 K 个长度为 L 的伪码序列。通过上述分析已知,候选集合中的伪码序列 V_k 取决于三个因素:种子序列 U_0、交织矩阵 P 和迭代次数 k。种子序列和交织器生成后,需要对交织矩阵和种子序列进行必要的限制,即进行优选,而候选集合中的伪码序列可以作为后续优选的输入。优选的目的是产生具有期望特征的伪码,同时防止迭代交织结构进入病态。

3.1.2.2 交织器与种子序列优选

(1) 交织器优选。交织器的优选依赖于优选准则的定义,即什么样的交织器是"好"的交织器,优选准则与交织器的用途密切相关。在基于迭代交织的伪码构造中,交织器的优选目标为良好的随机性以及低计算复杂度。

在使用交织器生成随机序列时,交织器的随机化效应是影响扩频码性能的重要因素。NASA 的喷气推进实验室(Jet Propulsion Laboratory,JPL)在研究 Turbo 码时提出了衡量交织器随机特性的 S 距离指标,其含义为交织前距离小于 S_1 的两个比特 i_1 和 i_2,交织后距离不小于 S,满足这种准则的交织器称为 S - 随机交织器[5]。S - 随机交织器的数学描述为

$$\begin{cases} |i_1 - i_2| < S_1 \\ |\sigma(i_1) - \sigma(i_2)| \geqslant S \end{cases} \quad (3.5)$$

由于 S-随机交织器具有明确的设计准则和良好的性能，本书使用 S-随机交织器作为构造伪码的交织器。另外，为了适应不同的伪码长度要求，用于构造伪码的交织器也应当灵活改变交织长度。

（2）种子序列优选。种子序列是使用迭代交织方法构造伪码的初始状态，在交织运算过程中，位置交换只改变序列中"0"和"1"的位置，序列中的"0"的个数 N_0 和"1"的个数 N_1 并没有改变，因此使用迭代交织结构产生的伪码码字具有相同的"0—1"个数差 $|N_0 - N_1|$，这一"0—1"个数差也称为码平衡量（Code Balance，CB）。码平衡量是序列随机性的一个基础性指标，不同的设计者对于码平衡的约束有着不同的认识。例如在空天通信系统设计时，欧洲 Galileo 设计团队认为"0—1"个数差满足 $|N_0 - N_1| \leqslant \sqrt{N_0 + N_1} = \sqrt{N}$ 即可，即弱平衡性约束；而美国 GPS 的设计团队则认为"0—1"个数差应当尽量小，如果条件允许要求 $|N_0 - N_1| = 0$，即采用强平衡性约束，当满足 $|N_0 - N_1| \leqslant 1$ 时称为完美平衡性。

由于使用迭代交织器构造的伪码码字具有固定的码平衡量，因此利用这一优势，获得具有完美平衡性的码字只需要种子序列具有完美的码平衡性[6]。而获得具有完美平衡性的种子序列有两种方法：构造法和筛选法，构造法是按照一定逻辑结构设计一个具有完美平衡性的序列，如"0—1"交替序列，筛选法则是从其他随机序列的输出中筛选出一个满足完美平衡性的序列。

3.1.2.3 扩频信号伪码性能分析

为验证使用迭代交织生成器生成伪码的性能和复杂度，选择 GPS、Galileo 和中国北斗卫星导航系统（BeiDou Satellite Navigation System，BDS）的接口控制文件中的已有伪码方案作为比较对象，共选择具有不同生成方法、不同码长的伪码方案 11 种，码长包括 1023、2046、4092、10230 比特，生成方法包括 Gold 序列、截断 m 序列、Weil 码、随机存储码等。

表 3.1 对比了不同伪码的码平衡量、最大偶自相关旁瓣、最大奇自相关旁瓣、最大偶互相关峰值、最大奇互相关峰值。为实现传输时延的无偏性，需要自相关函数满足左、右第一旁瓣相等的条件，扩频码的自相关函数除扩频码外还受到数据位翻转的影响，即存在奇、偶两种自相关函数，对于扩频码 $\boldsymbol{a} = (a_0, a_1, \cdots, a_{L-1})$，$a_i \in \{-1, +1\}$，奇偶自相关函数分别定义如下：

$$\text{EvenACF}(\boldsymbol{a}, \tau) = \sum_{i=0}^{L-1} a_i a_{i+\tau} \quad (3.6)$$

$$\text{OddACF}(\boldsymbol{a},\tau) = \sum_{i=0}^{L-1-\tau} a_i a_{i+\tau} - \sum_{i=L-\tau}^{L-1} a_i a_{i+\tau} \qquad (3.7)$$

表 3.1 中的 4 种迭代交织码（Iteration Interleaving Code）IIC-1203、IIC-2046、IIC-4092、IIC-10230 由迭代交织的方式所生成。

表 3.1　迭代交织码与已有伪码比较

扩频码方案	码长	构造方法	码数量	01差	最大偶自相关旁瓣	最大奇自相关旁瓣	最大偶互相关峰值	最大奇互相关峰值
GPS L1C/A	1023	线性反馈移位寄存器	36	1	65	131	65	153
IIC-1203	1023	迭代交织	36	1	85	85	127	127
BD B1I/B2I	2046	线性反馈移位寄存器	37	2	170	156	210	198
IIC-2046	2046	迭代交织	37	0	130	130	188	188
Galileo E1b	4092	随机码	50	0	212	218	244	246
Galileo E1c	4092	随机码	50	0	220	214	244	244
IIC-4092	4092	迭代交织	50	0	200	200	278	278
GPS L5	10230	线性反馈移位寄存器	74	2	362	464	492	554
GPS L2CM	10230	线性反馈移位寄存器	37	0	462	447	550	494
GPS L1C	10230	数论方法	126	0	286	406	446	500
Galileo E5aI	10230	线性反馈移位寄存器	50	100	382	378	532	520
Galileo E5aQ	10230	线性反馈移位寄存器	50	100	382	380	502	520
Galileo E5bI	10230	线性反馈移位寄存器	50	100	374	384	562	576
Galileo E5bQ	10230	线性反馈移位寄存器	50	100	378	382	534	546
IIC-10230	10230	迭代交织	74	0	340	340	478	478

综合对比表中各伪码的性能指标可知：

（1）迭代交织码在所有长度上具有完美"0—1"平衡性。

（2）迭代交织码具有良好的自相关性，奇偶自相关性能比较平衡，GPS L1C/A、L1C 扩频码具有偶自相关优势，但奇自相关没有优势。

（3）迭代交织码具有良好的互相关性，奇偶互相关性能比较平衡，GPS L1C/A、L1C、Galileo E1 信号具有互相关优势，但优势不显著。

3.1.3 直接序列扩频信号的快速同步

由 3.1.1 节扩频接收信号的信号处理流程可以看出,扩频接收信号的同步对于原始比特数据的准确恢复起到了至关重要的作用。在解扩之前,直接序列扩频信号的接收信噪比很低,为信号的同步带来了巨大的挑战。同时,由多普勒频偏引入的相位变化进一步增加了信号同步的难度。本小节立足于扩频信号的同步技术,分别对直接序列扩频信号的快速捕获和载波相位同步进行介绍。

3.1.3.1 扩频信号码相位捕获

在直接序列扩频隐蔽通信系统中,通信信道相对于侦听信道的优势依赖于码相位的准确同步。鉴于隐蔽通信系统通常采用短帧突发的通信体制,如何快速、可靠地实现接收信号的码相位捕获对于扩频隐蔽通信接收机的设计至关重要。扩频信号码相位捕获的实质是解决假设检验与参数估计的联合问题,主要包括:

(1)判断噪声环境下是否存在隐蔽通信信号传输。

(2)在判定信号存在的条件下,得到信号时延和多普勒频偏的初步估计。

假设检验和参数估计通常需要知道随机信号的概率密度函数。因此,首先建立直接序列扩频隐蔽通信系统的信号模型,并在此基础上得到 H_0 和 H_1 两种假设下接收信号的概率密度函数,其中,假设 H_0 表示不存在直接序列扩频隐蔽通信信号,或者直接序列扩频隐蔽通信信号存在但其相位未与本地扩频伪码相位对齐,假设 H_1 表示直接序列扩频隐蔽通信信号存在且相位与本地扩频伪码相位对齐。

以 QPSK 系统为例,用户发送的扩频信号可用等效复基带信号表示为

$$\tilde{s}_t(t) = \sqrt{P} \sum_{k=-\infty}^{\infty} s_c[k] \sum_{l=0}^{L-1} C_m[l] g_t(t-lT_c-kT_s)$$
$$= \sqrt{P} \sum_{k=-\infty}^{\infty} s_c[k] \text{sig}(t-kT_s) \tag{3.8}$$

式中:P 表示信号功率;$s_c[k] = (\pm 1 \pm i)/\sqrt{2}$ 表示用户发送信息;$C_m[l]$ 表示扩频序列,其周期即扩频比为 L;$g_t(t)$ 是具有单位能量的基带成形脉冲(例如,根升余弦脉冲);T_c 和 T_s 分别为码片和码元周期,显然 $T_s = LT_c$。另外,R_c 和 R_s 分别代表码片速率和符号速率,即 $R_c = 1/T_c$,$R_s = 1/T_s$,信号功率为 $P = E_c/T_c$,E_c 为码片能量。$\text{sig}(t)$ 为用户的特征波形,定义为

$$\text{sig}(t) \triangleq \sum_{l=0}^{L-1} C_m[l] g_t(t-lT_c)$$
$$= g_t(t) * \sum_{p=0}^{L-1} C_m[L-p] \delta(t-pT_c) \tag{3.9}$$

扩频接收信号在传输过程中会受到信道状态的影响，如图 3.4 所示，扩频接收信号的复基带信号 $\tilde{r}(t)$ 可表示为

$$\begin{cases} \tilde{r}(t) = \tilde{s}_{\mathrm{ch}}(t) + z(t) \\ \tilde{s}_{\mathrm{ch}}(t) = \tilde{s}_{\mathrm{t}}(t-\tau) \times \tilde{h}(t) \end{cases} \tag{3.10}$$

式中：τ 为信号时延；$\tilde{s}_{\mathrm{t}}(t)$ 为发射信号；$z(t)$ 为功率谱密度为 σ^2 的复高斯白噪声；$\tilde{h}(t)$ 为信道因子，不考虑信道衰减，其表示为

$$\tilde{h}(t) = \exp\left(\mathrm{i}\left(2\pi f_{\mathrm{err}}t + \theta_{\mathrm{D}}\right)\right) \tag{3.11}$$

式中：f_{err} 包含接收机与发射机本振之间的频差和由相对运动引入的多普勒频移 f_{D}；θ_{D} 为初始相差。多普勒频移与射频频率的关系可表示为

$$f_{\mathrm{D}} = \frac{v}{c} f_{\mathrm{g}} \tag{3.12}$$

式中：v 为接收机相对于发射机的径向速度；c 为光速；f_{g} 为射频频率。工程实现中，一般忽略接收机与发射机本振之间的频差，认为 $f_{\mathrm{err}} = f_{\mathrm{D}}$。因此，$\tilde{s}_{\mathrm{ch}}(t)$ 可进一步表示为

$$\begin{aligned}\tilde{s}_{\mathrm{ch}}(t) &= \tilde{s}_{\mathrm{t}}(t-\tau) \times \exp\left(\mathrm{i}\left(2\pi f_{\mathrm{D}}t + \theta_{\mathrm{D}}\right)\right) \\ &= \sqrt{P} \sum_{k=-\infty}^{\infty} s_c[k] \sum_{l=0}^{L-1} C_m[l] g_{\mathrm{t}}(t - lT_c - kT_s - \tau) \times \exp\left(\mathrm{i}\left(2\pi f_{\mathrm{D}}t + \theta_{\mathrm{D}}\right)\right) \end{aligned} \tag{3.13}$$

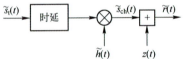

图 3.4 信道的等效基带模型

假设信号的相位近似恒定，那么 $\tilde{r}(t)$ 通过码片匹配滤波器后的复波形为

$$\tilde{s}_{\mathrm{r}}(t) = \sqrt{E_c} \sum_{k=-\infty}^{\infty} s_c[k] \sum_{l=0}^{L-1} C_m[l] g(t - lT_c - kT_s) \mathrm{e}^{\mathrm{i}(2\pi f_{\mathrm{D}}t + \theta_{\mathrm{D}})} + z(t) \tag{3.14}$$

式中：$E_c = PT_c$ 为码片能量；θ_{D} 为接收机本振与接收信号载波之间的初始相差；$g(t) = g_{\mathrm{t}}(t) * g_{\mathrm{t}}(t)$ 为经过码片匹配滤波后的基带脉冲，若匹配滤波器选择根升余弦滤波器，则满足

$$g(nT_c) = \begin{cases} 1, n = 0 \\ 0, n = \pm 1, \pm 2, \pm 3, \cdots \end{cases} \tag{3.15}$$

对 $\tilde{s}_{\mathrm{r}}(t)$ 按照码片速率采样，可得扩频信号的基带采样序列为

$$\tilde{s}_{\mathrm{r}}(n) = \sqrt{E_c}\, s_c\!\left[\left\lfloor \frac{m}{L} \right\rfloor\right] C_m[l]\, \mathrm{e}^{\mathrm{i}\left[2\pi f_{\mathrm{err}}(m-l)T_c + \theta_{\mathrm{D}}\right]} + z(n) \tag{3.16}$$

$\tilde{r}(t)$ 的可靠接收依赖于 τ、f_D、θ_D 等未知参数的准确估计。此处考虑 τ、f_D、θ_D 的最大似然估计。因此，下面将推导接收信号的概率密度函数（PDF）以及相应的似然函数。不失一般性，假设在观测时间 $t \in [-T/2, T/2]$ 内待估计参数恒定不变。根据文献[7]可知，$\tilde{r}(t)$ 可以近似为 $2TR_c$ 个正交基函数 $\{\varphi_i(t), i=0,1,\cdots,2TR_c\}$ 的线性组合，即

$$\tilde{r}(t) = \sum_{i=0}^{2TR_c} \tilde{r}_i \varphi_i(t) \tag{3.17}$$

式中：$\tilde{r}_i$ 表示 $\tilde{r}(t)$ 在各个正交基上的投影，即

$$\tilde{r}_i = \int_{-T/2}^{T/2} \tilde{r}(t) \varphi_i^*(t) \mathrm{d}t = \tilde{s}_i + \tilde{z}_i \tag{3.18}$$

式中：$\tilde{s}_i$ 和 $\tilde{z}_i$ 分别为 $\tilde{s}_r(t)$ 和 $z(t)$ 在基函数 $\varphi_i(t)$ 上的投影。由文献[7]的讨论可知，$\tilde{z}_i$ 是统计独立的高斯随机变量。因此，可以得到概率密度函数为

$$p(\tilde{\boldsymbol{r}}|\tau, f_D, \theta_D) = \frac{1}{(\pi\sigma^2)^{2TR_c}} \exp\left\{-\frac{\sum_{i=0}^{2TR_c-1} |\tilde{r}_i - \tilde{s}_i|^2}{\sigma^2}\right\} \tag{3.19}$$

式中：$\tilde{\boldsymbol{r}} = [\tilde{r}_1, \tilde{r}_2, \cdots, \tilde{r}_{2TR_c}]$。去掉无关项，可以得到对数似然函数为

$$\Lambda(\tilde{r}(t)) = -\frac{\sum_{i=1}^{2TR_c} |\tilde{r}_i - \tilde{s}_i|^2}{\sigma^2} \tag{3.20}$$

根据式（3.18）可以将上式写为

$$\Lambda(\tilde{r}(t)) = -\frac{1}{\sigma^2} \int_{-T/2}^{T/2} |\tilde{r}(t) - \tilde{s}_r(t)|^2 \mathrm{d}t \tag{3.21}$$

将式（3.13）代入式（3.21），可以得到扩频信号参数估计的似然函数为

$$\begin{aligned}\Lambda(\tilde{r}(t)) &= -\frac{1}{\sigma^2}\left[\int_{-T/2}^{T/2} |\tilde{r}(t)|^2 \mathrm{d}t - 2\mathrm{Re}\left(\int_{-T/2}^{T/2} \tilde{r}(t)\tilde{s}_r^*(t)\mathrm{d}t\right) + \int_{-T/2}^{T/2} |\tilde{s}_r(t)|^2 \mathrm{d}t\right] \\ &= \frac{2}{\sigma^2}\mathrm{Re}\left[\left(\exp(-\mathrm{i}\theta_D)\int_{-T/2}^{T/2} \tilde{r}(t)\tilde{s}_t^*(t-\tau)\exp(-\mathrm{i}2\pi f_D t)\mathrm{d}t\right)\right] \\ &\quad -\frac{1}{\sigma^2}\left[\int_{-T/2}^{T/2} \left(|\tilde{r}(t)|^2 + |\tilde{s}_r(t)|^2\right)\mathrm{d}t\right]\end{aligned} \tag{3.22}$$

因此，当

$$\Lambda(\tau, f_D, \theta_D) = \mathrm{Re}\left[\left(\exp(-\mathrm{i}\theta_D)\int_{-T/2}^{T/2}\tilde{r}(t)\tilde{s}_t^*(t-\tau)\exp(-\mathrm{i}2\pi f_D t)\mathrm{d}t\right)\right] \quad (3.23)$$

在三维空间内有最大值时，对应的 (τ, f_D, θ_D) 值即为 (τ, f_D, θ_D) 的最大似然估计结果 $(\hat{\tau}, \hat{f}_D, \hat{\theta}_D)$。

求解式（3.23）所示的最大似然估计问题需要进行 (τ, f_D, θ_D) 三个维度的搜索，但是三维搜索的求解方法运算复杂度极高。为降低计算复杂度，在实际应用中通常采用基于二维搜索的变形最大似然估计方法。该方法首先将下式代入式（3.23）中消去 θ_D：

$$\hat{\theta}_D = \arg\left\{\int_{-T/2}^{T/2}\tilde{r}(t)\tilde{s}_t^*(t-\tau)\exp(-\mathrm{i}2\pi f_D t)\mathrm{d}t\right\} \quad (3.24)$$

得到参数 (τ, f_D) 的似然函数为

$$\Lambda(\tau, f_D) = \left|\int_{-T/2}^{T/2}\tilde{r}(t)\tilde{s}_t^*(t-\tau)\exp(-\mathrm{i}2\pi f_D t)\mathrm{d}t\right| \quad (3.25)$$

需要注意的是，由于在码捕获完成之前 τ 是未知的，因此辅助序列必须是全同序列，即在整个观测时间 T 内所有的符号 $s_c[k]$ 取值完全相同。在突发帧的帧头设计中，全同序列不仅有利于码相位捕获（即 (τ, f_D) 的粗估计），还便于采用 FFT 算法对 f_D 进行精细估计。

通过捕获原理的讨论，可以直观地得到码相位捕获的具体方法，即将 τ 按照步长 $\Delta\tau$ 划分为若干个单元进行逐单元搜索，由于扩频序列具有尖锐的自相关性，$\Delta\tau$ 一般选择为 $\Delta\tau \leq T_c/2$。其具体步骤如下：

（1）划分搜索单元。

（2）按照一定的顺序依次把某个单元格所对应的 $\hat{\tau}$ 代入式（3.25）。

（3）按照门限判决准则来检测信号是否搜索成功：若信号通过检测，则认为码相位捕获成功，停止搜索，启动码跟踪环路；若信号被否决，则检验下一个单元。

码相位维度的单元搜索有串行相关和数字匹配滤波两种方法。其中，串行相关一次仅能对一个码相位进行检测，当搜索单元较多时，串行码相位检测器需要较长时间才能检测到码相位。而数字匹配滤波器（Digital Matched Filters, DMF）采用并行的搜索方式，完成一个完整码周期相位单元的搜索仅需要一个符号间隔 T_s，虽在实现复杂度上相比串行搜索方式有更大的开销，但能使搜索速度实现大幅提升，图 3.5 给出了基于 DMF 的捕获原理框图。

设 DMF 的冲激响应为

$$h(t) = \sum_{p=0}^{L-1}C_m[L-p]\delta(t-pT_c) \quad (3.26)$$

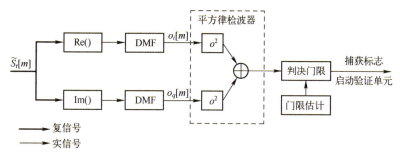

图 3.5 基于 DMF 的码捕获原理框图

则可知 DMF 的输出信号为

$$o(n) = \sum_{p=0}^{L-1} \tilde{r}(n-p) C_m^*[L-p] \quad (3.27)$$

式中：$C_m[L-p]$ 表示扩频比为 L 的扩频序列的第 $L-p$ 个码片取值。

通过合理设置门限，DMF 方法能在较短的平均捕获时间内完成扩频信号的码捕获。然而，当输入信噪比极低时，若要求接收信号具有较低的虚警概率，就必须提高捕获门限，然而捕获门限的升高会使得漏警概率升高，从而导致捕获时间增长。因此，在低信噪比情况下，传统的 DMF 码捕获算法难以同时满足短帧突发通信系统的低虚警、低漏警概率要求，因此，提高码相位检测量的信噪比是解决这一问题的关键所在。

多码元累加能够通过增加观测时间对随机噪声进行平滑，使得码相位判决量的信噪比得到改善，接下来，我们对传统的 DMF 码捕获算法进行改进，介绍基于 DMF 的平方率包络多码元累加过门限算法，其原理框图如图 3.6 所示。

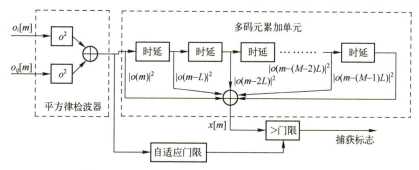

图 3.6 平方率包络多码元累加过门限码相位捕获器结构示意图

由图 3.6 可见，该算法在得到 DMF 的平方率包络之后，以码相位为周期累加 M 次，得到码相位捕获判决量为

$$x(n) = \sum_{m=0}^{M-1} |o(n-mL)|^2 \quad (3.28)$$

在 H_0 假设下，环境中不存在直接序列扩频信号传输或者信号未解扩。此时，DMF 输出 o_{H0} 仍为噪声。在 H_1 假设下，DMF 输出 o_{H1} 为解扩信号与高斯噪声之和，即

$$\begin{aligned}
o_{H1}(n) &= s_c\left[\left\lfloor\frac{n}{L}\right\rfloor\right]\sqrt{E_c}\sum_{l=0}^{L-1}e^{i[2\pi f_{\text{err}}T_c(n-l)+\theta_D]}+\tilde{z}_\Sigma(n) \\
&= s_c\left[\left\lfloor\frac{n}{L}\right\rfloor\right]L\sqrt{E_c}\frac{e^{i[2\pi f_{\text{err}}T_c n+\theta_D]}-e^{i[2\pi f_{\text{err}}T_c(n-L)+\theta_D]}}{1-e^{-i2\pi f_{\text{err}}T_c}}+\tilde{z}_\Sigma(n) \\
&= s_c\left[\left\lfloor\frac{n}{L}\right\rfloor\right]\sqrt{E_c}\frac{\sin 2\pi f_{\text{err}}LT_c}{\sin 2\pi f_{\text{err}}T_c}e^{i\left[2\pi f_{\text{err}}T_c\left(n+\frac{1}{2}-\frac{L}{2}\right)\right]}+\tilde{z}_\Sigma(n) \\
&\approx s_c\left[\left\lfloor\frac{n}{L}\right\rfloor\right]L\sqrt{E_c}\,\text{sinc}(f_{\text{err}}LT_c)e^{i\left[2\pi f_{\text{err}}T_c\left(n+\frac{1}{2}-\frac{L}{2}\right)\right]}+\tilde{z}_\Sigma(n)
\end{aligned} \quad (3.29)$$

判决的方式通常有：①单次驻留方式，即一旦超过门限就判定为捕获成功，系统立刻转入跟踪过程；②两次驻留方式，即捕获过程分为两步，当 DMF 输出超过门限后，系统还要进一步验证是否捕获，以减小虚警概率。显然，在短帧突发通信系统中，二次驻留验证后并发现虚警已经来不及进行第二次捕获，因此只能采用单次驻留方式。为了计算检测概率和虚警概率，需要推导出 o_{H0} 和 o_{H1} 的统计特性。鉴于式（3.29）是多个独立复高斯噪声之和，若 H_0 仅包含信号未解扩的情况，则可得

$$\begin{cases}
o_{H0}(n)\sim CN\left(0,L\left(E_c+\sigma^2\right)\right) \\
o_{H1}(n)\sim CN\left(s_c\left[\left\lfloor\frac{n}{L}\right\rfloor\right]L\sqrt{E_c}\,\text{sinc}(f_{\text{err}}LT_c)e^{i\left[2\pi f_{\text{err}}T_c\left(n+\frac{1}{2}-\frac{L}{2}\right)\right]},L\sigma^2\right)
\end{cases} \quad (3.30)$$

那么

$$\begin{cases}
\dfrac{2}{L(E_c+\sigma^2)}|o_{H0}(n)|^2\sim\chi^2(2,0) \\
\dfrac{2}{L\sigma^2}|o_{H1}(n)|^2\sim\chi^2\left(2,\dfrac{2LE_c\,\text{sinc}^2(f_{\text{err}}T_s)}{\sigma^2}\right)
\end{cases} \quad (3.31)$$

式中：$\chi^2(v,\delta)$ 表示自由度为 v、非中心参数为 δ 的卡方分布。$\chi^2(v,\delta)$ 分布的累积分布函数为 $F_{\chi^2}(v,\delta)$。设检测门限为 V_{th}，可得累加 M 次后接收信号单次驻留的虚警和漏检概率为

$$\begin{cases} \mathbb{P}_{\mathrm{FA}}(V_{\mathrm{th}}) = \mathbb{P}(|o_{H0}|^2 \geq V_{\mathrm{th}}) = 1 - F_{\chi^2}\left(\frac{2V_{\mathrm{th}}}{L(E_c + \sigma^2)} \bigg| 2M, 0\right) \\ \mathbb{P}_{\mathrm{MD}}(V_{\mathrm{th}}) = \mathbb{P}(|o_{H1}|^2 < V_{\mathrm{th}}) = 1 - F_{\chi^2}\left(\frac{2V_{\mathrm{th}}}{L\sigma^2} \bigg| 2M, \frac{2MLE_c \operatorname{sinc}^2(f_{\mathrm{err}} T_s)}{\sigma^2}\right) \end{cases}$$
（3.32）

根据前文的介绍可以得到基于 DMF 的平方率包络 M 码元累加过门限算法的平均捕获时间为

$$T_{\mathrm{MA}} = (L+1)\left(T_c + T_f \mathbb{P}_{\mathrm{FA}}\right)\frac{2 - \mathbb{P}_{\mathrm{D}}}{2\mathbb{P}_{\mathrm{D}}} + \frac{MT_c}{\mathbb{P}_{\mathrm{D}}} + MLT_c$$
（3.33）

式中：$\mathbb{P}_{\mathrm{D}} = 1 - \mathbb{P}_{\mathrm{MD}}$ 为检测概率；$\mathbb{P}_{\mathrm{FA}}$ 为虚警概率；T_f 为虚警惩罚时间。

显然，当 $M=1$ 时，基于 DMF 的平方率包络多码元累加过门限算法即为传统的 DMF 单次驻留码捕获算法，因此传统算法可以看作是改进算法的一种特殊情况。图 3.7～图 3.10 给出了改进算法与传统算法的相关结果对比。其中，图 3.7 给出 $E_c/\sigma^2 = -10\,\mathrm{dB}$、$L=256$、$f_{\mathrm{err}}=0$ 条件下平方率包络检波器的归一化输出波形 $T(n)/L^2 E_c$。由于解扩后 $E_s/\sigma^2 = (LE_c)/\sigma^2 = 14\,\mathrm{dB}$，信噪比很高，因此平方率包络检波器输出的相关结果峰值非常清晰。图 3.8 给出了 $E_c/\sigma^2 = -24\,\mathrm{dB}$ 时的捕获相关峰结果，可以看出，随着接收信噪比的降低，平方率包络检波器输出的相关结果无明显峰值。图 3.9 给出平方率包络检波器多码元累加（累加码元数 $M=64$）后的归一化输出波形 $T(n)/ML^2 E_c$，可以看出，通过累加后，码相位判决量的信噪比升高，捕获相关结果峰值相比图 3.8 更加清晰。

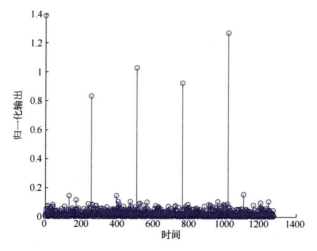

图 3.7 平方率包络检波器的输出（$E_c/\sigma^2 = -10\,\mathrm{dB}$，$L=256$，$f_{\mathrm{err}}=0$）

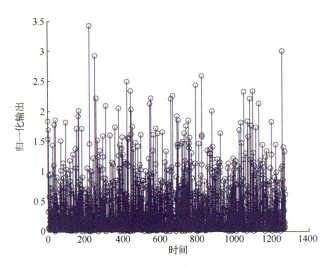

图 3.8 ▎平方率包络检波器的输出（$E_c/\sigma^2 = -24\,\text{dB}$，$L = 256$，$f_{\text{err}} = 0$）

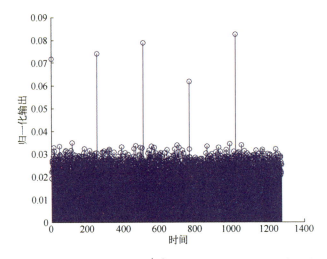

图 3.9 ▎平方率包络检波器的输出（$E_c/\sigma^2 = -24\,\text{dB}$，$L = 256$，$f_{\text{err}} = 0$，$M = 64$）

图 3.10 给出了改进算法与传统算法在信噪比 $E_c/\sigma^2 = -16\,\text{dB}$、$L = 256$、$f_{\text{err}} = 0$ 条件下的虚漏警概率。由图 3.10 可见，多码元累加提高了检测量的信噪比，因此在给定虚警概率条件下，改进算法的漏警概率明显得到改善，平均捕获时间也随之缩短。

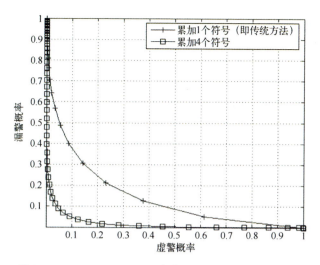

图 3.10 ┃ 虚警与漏检概率曲线（$E_c/\sigma^2 = -16$ dB，$L = 256$，$f_{\text{err}} = 0$）

图 3.11、图 3.12 分别给出恒虚警概率 $\mathbb{P}_{\text{FA}} = 10^{-6}$、频偏 $f_{\text{err}} = 0$ 或频偏 $f_{\text{err}} = R_s/2$ 条件下漏警概率 $\mathbb{P}_{\text{MD}}$ 和平均捕获时间与 E_c/σ^2 的关系曲线，其中虚警惩罚时间为 $100T_s$。由图可见，在归一化频偏较小、信噪比条件较高时，传统算法的捕获时间比改进算法更短。然而，在低信噪比、低恒虚警约束下，改进算法的平均捕获时间明显优于传统算法。同时，鉴于改进算法的虚警概率和漏警概率很低，其平均捕获时间几乎等于码元累加时间，可以近似于一个常数，这对于码捕获时间高度受限的突发通信系统的帧结构设计十分有利。

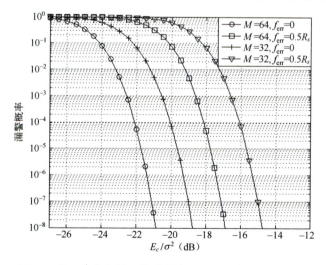

图 3.11 ┃ E_c/σ^2 与 $\mathbb{P}_{\text{MD}}$ 关系曲线（$\mathbb{P}_f = 10^{-6}$，$L = 256$）

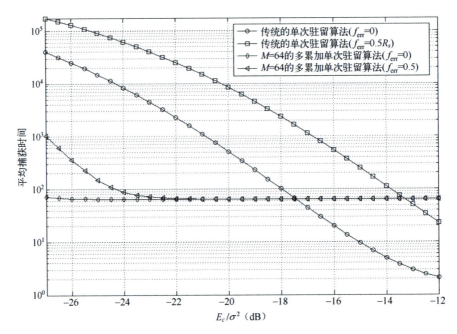

图 3.12 平均捕获时间与 E_c/σ^2 的关系曲线（$\mathbb{P}_{FA}=10^{-6}$，$L=256$）

3.1.3.2 开环载波相位同步

载波相位同步是扩频信号接收及信息恢复的重要环节。与捕获不同，载波相位同步需要对频率和相位进行"连续不断"的交替估计[8]。按照实现结构划分，载波相位同步可分为开环和闭环两类。由于不存在反馈环路，开环相位同步在收敛速度方面比闭环同步方案更具优势，更适用于短帧突发的通信系统[9]。下面对适用于扩频隐蔽通信系统的开环载波同步算法进行介绍。

如图 3.13 所示，为了辅助实现快速同步，扩频隐蔽通信系统每一帧的帧头都包含一个长度固定的导频序列。其中，码相位捕获序列、导频符号以及相位参考序列均为调制在 QPSK 第一象限星座点 $((1+i)/\sqrt{2})$ 上的全同序列。由于在码相位捕获头传送完毕之前接收机应该已经捕获到码相位，接收机在捕获完成后能够顺序获得调制数据已知的全同解扩序列用于辅助载波频率的同步。在完成频偏估计后，接收机把估计出的频偏 $\tilde{f}_{err}$ 反馈给旋转变换模块完成频率补偿。这样，由频偏带来的信噪比损失得以恢复，解扩模块得以输出准确的解扩信号。随后，接收机通过差分解调等完成帧同步以及数据段、相位参考段的定位。在帧的主体段中，数据字段与参考相位字段交叉放置，数据字段及参考相位字段的长度需要根据校频精度、相位估计精度等参数进行选择。由于相位参考段的调制相位已知，采用数据辅助（Data-Aided，DA）相位估计算法和线性内插/预测可以实现相位同步[10]。同时，由于有了绝对的参考相位,设置相位参考字段还可以有效克服相位模糊问题,避免差分译码带来的误比特传播。下面对基于参考相位字段的载波相位估计算法进行介绍。

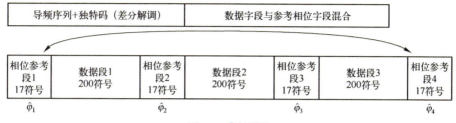

图 3.13　帧结构

(1)标准 V&V 算法。Andrew J. Viterbi 和 Audrey M. Viterbi 于 1983 年提出用于 MPSK 调制下的突发通信相位估计算法,称为 V&V 算法。它是一种无数据辅助(Non-Data Aided,NDA)算法,该算法对基带采样序列进行非线性变换去除随机数据调制,如图 3.14 所示,非线性运算的输出为

$$\tilde{o}'(n) = F(\rho_n) e^{iM\phi} \quad (3.34)$$

其中

$$\begin{cases} \rho_n \triangleq |\tilde{o}(n)| = \sqrt{\mathrm{Re}^2\{\tilde{o}(n)\} + \mathrm{Im}^2\{\tilde{o}(n)\}} \\ F(\rho_n) = |\rho_n|^M \end{cases} \quad (3.35)$$

从式(3.34)可以看出,经过非线性变换的结果是将相位扩大到 M 倍,这样就可以消除相位调制的影响。合适地选择其中的整数 M 可以得到最接近 CRB 的相位偏移估计。文献[8]指出对于 QPSK 调制,当信噪比较大时,取 $M=2$ 性能最佳。

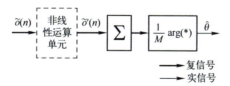

图 3.14　V&V 算法框图

V&V 算法的相位估计子为

$$\hat{\theta}(n) = \frac{1}{M} \arg\left(\sum_{m=-p}^{p} \tilde{o}'(n+m)\right) \quad (3.36)$$

框图中求和运算等效于求时间平均，它使得估计的结果更加精确。由式（3.36）可知，V&V 算法中时间窗口的长度为 $(2p+1)T_s$，它的取值大小取决残余频差 Δf_{err} 和期望的相位估计质量。该算法是无偏估计，性能详见文献[8]。图 3.15 给出 QPSK 调制，$\Delta f_{\text{err}} = 2 \times 10^{-3} R_s$，$E_s/\sigma^2 = 8 \text{ dB}$，$p = 15$ 下，标准 V&V 算法的性能（200 次实现）。

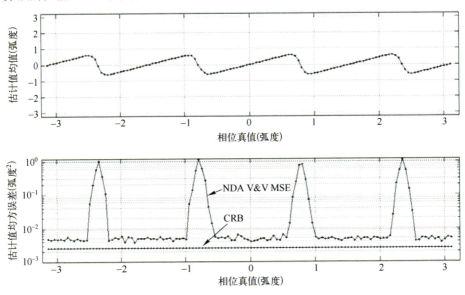

图 3.15 ▎标准 V&V 算法性能（$\Delta f_{\text{err}} = 2 \times 10^{-3} R_s$，$E_s/\sigma^2 = 8 \text{ dB}$，$M = 4$，$p = 15$）

（2）数据辅助 V&V 算法。数据辅助 V&V 可以认为是 NDA V&V 在 $M=1$ 情况下的一种特例。若已知相位参考字段的调制相位为 $\theta_M = \arg((1+\mathrm{i})/\sqrt{2}) = \pi/4$，则无须对样本进行非线性处理。因此，DA V&V 算法的估计子修正为

$$\hat{\theta}(n) = \left[\arg\left(\sum_{m=-p}^{p} \tilde{o}(n+m) \right) - \frac{\pi}{4} \right]_{-\pi}^{-\pi} \quad (3.37)$$

标准 V&V 算法的相位估计范围为 $[-\pi/M, \pi/M]$，而 DA V&V 算法的范围扩展到了整个相位主值区间 $[-\pi, \pi]$。由于相位的周期性，可以认为 $\pm\pi$ 到 $\mp\pi$ 的"跃变"是连续的，即 $0.99\pi \to -0.99\pi$ 的变化量是 -0.02π 而不应理解为 1.98π，这样就可避免标准 V&V 算法的相位跃变问题。图 3.16 分别给出了 DA V&V 算法的误差真值与估计均值的关系以及估计的均方误差（200 次实现）。从图可以看出，当相位真值接近 $\pm\pi$ 时，估计的均值似乎偏离真值，这就是由 $\pm\pi$ 到 $\mp\pi$ 的"跃变"引起的；但从均方误差角度来说，这并不影响

估计的精度。

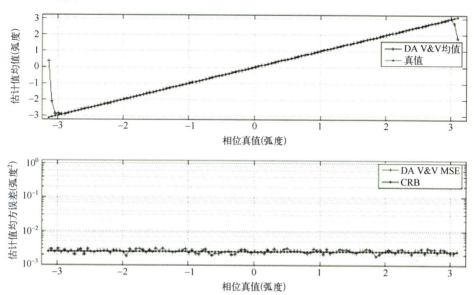

图 3.16 ▎V&V 算法相位估计性能（$E_s/\sigma^2=8\text{ dB}$，$\Delta f_{\text{err}}=2\times 10^{-3}R_s$，$p=15$）

（3）数据段相偏估计。无论残余频偏 Δf_{err} 有多小，只要 $\Delta f_{\text{err}}\neq 0$，那么随着时间 T 的增长，都会累积出足够大的相差 $\Delta\theta=\Delta f_{\text{err}}T$。为了防止残余频差估计的多义性，要求每个数据字段前后的两个相位参考字段之间（$T=217T_s$）相差 $|\Delta\theta|<\pi$，因此要求 $|\Delta f_{\text{err}}|<2.1645\times 10^{-3}R_s$。如图 3.13 所示，帧的主体包括 8 个符号的导频序列+独特码，以及 4 个相位字段和 3 个数据字段交叉排列，总共 8+668=676 个符号。数据字段的相位通过相位参考字段的参考相位线性内插得到。设符号编号从 0 到 667，各自的相偏估计值为 $\hat{\theta}_k, k=0,1,\cdots,667$，那么用 DA V&V 算法，得到相位参考字段的相位估计依次为 $\hat{\varphi}_1$、$\hat{\varphi}_2$、$\hat{\varphi}_3$、$\hat{\varphi}_4$。那么显然有 $\hat{\theta}_8=\hat{\varphi}_1$、$\hat{\theta}_{225}=\hat{\varphi}_2$、$\hat{\theta}_{442}=\hat{\varphi}_3$ 和 $\hat{\theta}_{659}=\hat{\varphi}_4$。下面以数据字段 1 为例来说明相位线性内插算法。由 $\hat{\varphi}_1$ 和 $\hat{\varphi}_2$，可得残余频偏估计为

$$\hat{\Delta}_1 f_{\text{err}}=\frac{[\hat{\varphi}_2-\hat{\varphi}_1]_{-\pi}^{\pi}}{2\pi\times 217}R_s \tag{3.38}$$

根据（3.38）的结果可以得到数据字段各符号的相差估计

$$\hat{\theta}_k=\left[\hat{\varphi}_1+(k-8)\hat{\Delta}_1 f_{\text{err}}\right]_{-\pi}^{\pi},16\leqslant k\leqslant 215 \tag{3.39}$$

图 3.17 给出了在典型情况下估计到的 $\hat{\theta}_k$ 轨迹。

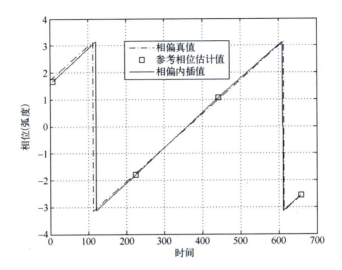

图 3.17 相偏内插估计效果（$E_s/\sigma^2 = 8\,\text{dB}$，$\Delta f_{\text{err}} = 2\times 10^{-3} R_s$，$p=8$）

由式（3.39）可知，显然 $\hat{\theta}_k$ 的性能取决于 $\hat{\varphi}_n$。在不考虑取主值区间运算 $[*]_{-\pi}^{\pi}$ 的情况下，$\hat{\theta}_k$ 具有如下线性形式：

$$m(n) = a + bn \tag{3.40}$$

式中：a 和 b 是常量（分别对应相差模型中的初始相差项和残余频差项）。在已知 $m(n_0)$ 和 $m(n_1)$ 的情况下，根据式（3.40）可得

$$m(n) = \frac{n-n_0}{n_1-n_0}m(n_0) + \frac{n_1-n_0}{n_1-n_0}m(n_1), n_0 \leqslant n \leqslant n_1 \tag{3.41}$$

如果 $m(n_0)$、$m(n_1)$ 是对应参数的无偏估计，那么式（3.41）定义的 $m(n)$ 也是相应参数的无偏估计。若 $m(n_0)$、$m(n_1)$ 统计独立并且 $\text{var}\{m(n_0)\} = \text{var}\{m(n_1)\}$，那么可以得到且 $m(n)$ 均方误差的表达式

$$\begin{aligned}\text{var}\{m(n)\} &= \left[\left(\frac{n-n_0}{n_1-n_0}\right)^2 + \left(\frac{n_1-n}{n_1-n_0}\right)^2\right]\text{var}\{m(n_0)\} \\ &= \frac{n_0^2 + n_1^2 + 2n^2 - 2n(n_0+n_1)}{n_0^2 + n_1^2 - 2n_0 n_1}\text{var}\{m(n_0)\}\end{aligned} \tag{3.42}$$

定义

$$c(n) \triangleq \frac{n_0^2 + n_1^2 + 2n^2 - 2n(n_0 + n_1)}{n_0^2 + n_1^2 - 2n_0 n_1} \tag{3.43}$$

假设 $n_0 + n_1$ 是偶数，那么有

$$\begin{cases} c(n_0) = c(n_1) = 1 \\ c\left(\dfrac{n_0 + n_1}{2}\right) = 0.5 \end{cases} \tag{3.44}$$

$c(n)$ 的曲线如图 3.18 所示。

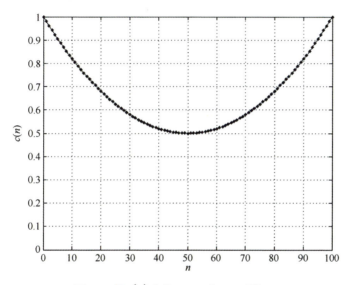

图 3.18 $c(n)$ 曲线（$n_0 = 0$，$n_1 = 100$）

结合图 3.18 和式（3.42）可以看出，$\mathrm{var}\{m(n)\} \leqslant \mathrm{var}\{m(n_0)\} = \mathrm{var}\{m(n_1)\}$，当 $n_0 < n < n_1$ 时，小于号成立。由式（3.41）可知，$m(n)$ 同时用到了 $m(n_0)$ 和 $m(n_1)$ 的信息，因此比单独的 $m(n_0)$ 和 $m(n_1)$ 有更好的估计性能。对比式（3.38）与式（3.41）可见，二者有相似的形式，唯一的不同是前者对应的相位内插包含了一个非线性的取主值区间运算 $[*]_{-\pi}^{\pi}$。虽然这一非线性运算造成了理论分析上的困难，但是 $\hat{\theta}_k$ 应当具有与式（3.42）类似的规律，即数据字段的误差相位估计值 $\hat{\theta}_k$ 是无偏估计，并且其方差特性优于参考相位估计值 $\hat{\varphi}_n$。以图 3.13 所示的帧结构为基础，我们通过 Monte Carlo 仿真分析了在上述载波相位同步方案下误比特率随信噪比的变化规律。如图 3.19 所示，在所提载波相位同步方案下，载波相

位同步不理想带来的损失不足 0.15 dB。

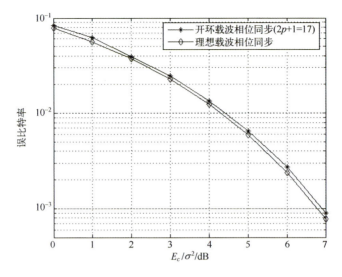

图 3.19 信噪比和误比特率关系曲线（$\Delta f_{\text{err}} = 2 \times 10^{-3} R_s$，$p=8$）

3.2 快跳扩隐蔽通信技术

从第 2 章的分析可知，信号能量在频域的弥散能够提升通信信号的隐蔽性。因此，本节在直接序列扩频技术的基础上进一步探讨快跳扩隐蔽通信技术。该方案利用直接序列扩频与跳扩频各自的优势，在提升通信信号隐蔽性的同时保证了系统抗干扰的能力。

3.2.1 快跳扩隐蔽通信系统模型

快跳扩隐蔽通信系统首先利用直接序列扩频将每个符号的能量分散至不同的码片，随后按照跳频图案来控制载波频率的变化，将不同的码片在不同的频点上进行发送。图 3.20 显示了一个包含四个跳频频点的快跳扩信号，其中 $\boldsymbol{x}_{i,j}(t)$，$i \in \{1,2,3\}, j \in \{1,2,3,4\}$，代表了经过跳频载波调制后的信号，$i$ 是发送符号的序号，j 是跳频载波的序号。图 3.20 中每个符号的长度和跳频周期相同。例如，第 i 个符号先后被四个跳频载波调制得到 $\boldsymbol{x}_{i,1}(t)$、$\boldsymbol{x}_{i,2}(t)$、$\boldsymbol{x}_{i,3}(t)$ 和 $\boldsymbol{x}_{i,4}(t)$。

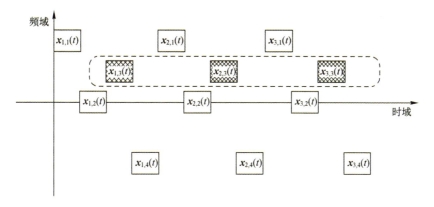

图 3.20 含四个跳频频点的快跳扩信号示意图

受系统元器件的限制，传统跳频系统的频率跳变是采用模拟锁相环来实现的，在频率跳变点处，难以保证载波相位的连续性，因此，系统无法采用性能相对优异的相干相移键控（Phase Shift Keying，PSK）调制方式，只能采用对相位不敏感的非相干频移键控（Frequency Shift Keying，FSK）调制。对于快跳频系统而言，在每个符号内的跳数较多时，非相干分集合并会带来一定的性能恶化。目前，由于高速数模转换器（Digital to Analog Converter，DAC）、高速直接数字式频率合成器（Direct Digital Synthesizer，DDS）等芯片的设计实现，频率跳变可以采用数字方式来实现，使得在频率跳变点处载波相位的连续性得到保证。因此，当前的快跳扩系统可以采用性能优异的相干 PSK 调制方式来提升系统的通信性能。

如图 3.21 所示，在采用 PSK 的快跳扩系统中，原始信息序列首先经过 PSK 调制，再与直扩伪码相乘进行直接序列扩频，扩频后的信号经过频率合成器变频至射频输出。例如，图 3.20 中快跳扩系统发射信号的数学表达式为

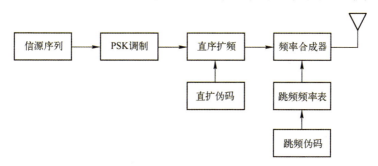

图 3.21 快跳扩系统发射机原理框图

$$x_{i,j}(t) = s_{\lfloor t/T_s - i \rfloor + 1} \times C_{\lfloor (t - (\lfloor t/T_s - i \rfloor + 1)T_s)/T_c \rfloor + 1} \times e^{-i2\pi f_{h,j} t} \quad (3.45)$$

式中：s_i 代表第 i 个数据符号；j 代表跳频频点的序号；C_n 代表直扩伪码第 n 个码片的取值；T_s 是数据符号的长度；$T_c = T_s / N_c$ 是直扩伪码的码片宽度，其中 N_c 是直扩伪码的扩频比；$f_{h,j}$ 是 $x_{i,j}(t)$ 所对应的跳频载波的中心频点。频率合成器的频率由跳频伪码控制，每 $T_h = T_b / N_h$ 秒在所有 N_{Hop} 个跳频频率单元中选择一个新的频率，N_h 为每数据符号内的跳频频点数。图 3.20 中的 $N_h = 4$。若 $f_{h,j}$ 对应跳频伪码控制的第 n（$n \in \{1, 2, \cdots, N_{\text{Hop}}\}$）个跳频频点，则 $f_{h,j} = f_0 + (n-1) \times \Delta W$，其中 f_0 为跳频中心频点下限，ΔW 为频点间隔。

快跳扩系统接收机的原理框图如图 3.22 所示。对于接收信号，首先要完成捕获，即检测到扩跳信号，并得到伪码起始相位、多普勒频偏等参数。随后，在本地产生一个与接收到的跳扩信号同时、同频、同相的跳频载波信号，进行解跳。最后，经过匹配滤波、直序解扩、相干分集合并及判决，得到输出结果。此外，为了提高系统的抗干扰性能，一般会在接收机的匹配滤波模块之后增加一个抗干扰模块。

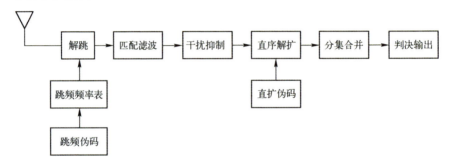

图 3.22 快跳扩系统接收机原理框图

与直接序列扩频相比，快跳扩信号的捕获更具挑战性。一方面，快跳扩信号的扩频特性使得信号的平均功率谱密度很低，往往远在热噪声之下，无法实现对宽带接收信号的准确参数估计。另一方面，受快跳扩信号频率跳变特征的影响，即使是微小的跳频定时估计误差也会在不同跳频时隙之间造成显著的相角偏移，从而使得多跳的解扩结果无法有效地合并。快跳扩信号的伪随机特性令其在时间上具有很强的延迟敏感性，仅当跳频定时和码相位的估计值非常接近真值时才能有效地进行解扩接收。因此，3.2.2 节将以 BPSK 为例介绍快跳扩信号的捕获技术。

3.2.2 BPSK 快跳扩信号的捕获

快跳扩信号的捕获包括对跳频码相位和直扩码相位的捕获。本节首先引入一种面向 BPSK 快跳扩信号的基于频率扫描滑动相关的捕获方法,随后对其中采用的基于跳频相位补偿的低复杂度部分匹配滤波 FFT(Partial Matched Filtering FFT,PMF-FFT)扩频伪码滑动相关算法进行描述,最后对捕获算法的性能,包括漏捕性能和虚捕性能,进行数值仿真分析。

3.2.2.1 基于频率扫描滑动相关的捕获方法

图 3.23 展示了基于频率扫描滑动相关的捕获方法的工作过程。不失一般性,假设每个扫频周期内包含 K 个符号,直扩伪码的扩频比为 N_c。因为此处考虑的是 BPSK 信号,所以接收机每过 K 比特完成一个扫频周期。接收机的频率合成器根据跳频序列产生本地跳频信号,从初始频率 F_0 开始,以跳频周期 T_h 进行扫描。当频率合成器产生的频率与发射机的频率相同时,对应时间段的同步信息便能通过混频之后的滤波器,被后级的检测部件接收。当一个扫频周期结束后,扫频起始时刻后移 $2\lambda T_h$,开始下一个扫频周期。接收机在一个扫频周期内对扫频、滤波后的基带信号利用直扩伪码进行滑动相关检测。每次扫频滑动相关的扩频伪码相位时间为本地跳频起跳点的 $-\lambda T_h \sim \lambda T_h$ 时间内,一般 $\lambda \leqslant 0.5$。

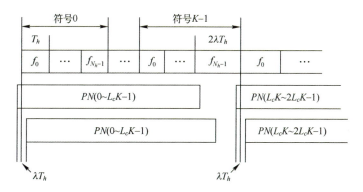

图 3.23 基于频率扫描滑动相关的捕获方法

若相关峰值超过门限,则认为捕获到信号,此时转入验证过程,即根据捕获时得到的伪码相位起始地址对本地跳频信号的起始地址进行调整,使收发信号在时间上对齐,同时根据得到的多普勒信息对频偏进行校正。经过 K 比特后,利用扩频序列对解跳滤波后的信号进行解扩并相关积分,当相关积分值超过一定的门限时,即认为验证正确,捕获完成;否则认为是误捕,验证失败,需要重新转到频率扫描滑动相关的过程,直到真正完成捕获。

根据上述介绍可知,接收机在每个扫频周期内需要完成多次滑动相关检测来搜索直扩伪码的码相位。然而,空天平台的高移动性将会引入额外的多普勒频移,严重制约了滑动相关检测的性能。为保证跳扩信号的捕获,接收机需要在滑动相关检测的过程中对多普勒频移进行补偿。因此,整个滑动相关的过程本质上是一个伪码相位、多普勒频移的二维搜索过程。这一过程通常会导致较长的捕获时间。实际中可以采用基于 FFT 的捕获方法来解决这个问题。该方法利用 FFT 将原本的伪码相位、载波多普勒频移的二维搜索过程变为只搜索伪码相位的一维搜索过程,从而实现跳扩信号的快速捕获。此外,当接收信号的跳频起跳点和本地时间存在误差时,解调后的相邻两跳之间会存在相位差。如果不加以处理,这一相位可能会造成相关峰值的严重损失,导致信号无法捕获。为了实现快跳扩信号的捕获,3.2.2.2 节中讨论了一种基于跳频相位补偿的 PMF-FFT 扩频伪码滑动相关算法。

3.2.2.2　基于跳频相位补偿的 PMF-FFT 扩频伪码滑动相关算法

滑动相关法是基于跳频相位补偿的 PMF-FFT 扩频伪码滑动相关算法的基础。图 3.24 展示了基于滑动相关法的伪码捕获方法的系统结构框图,其中,NCO 代指数控振荡器(Numerically Controlled Oscillator)。该方法通过接收信号和本地伪码序列在相位上的相对滑动和相关检测来判断二者相位是否对齐。通常在每个相关周期内伪码相对滑动半个码片(chip),直到两个码序列相位对齐时停止。空天平台的高移动性将会引起接收信号载波的多普勒偏移。受多普勒频移的影响,当本地伪码与接收信号伪码相位一致时,二者相乘后所得到的信号仍然会存在残留的载波频偏,从而导致累加后相关峰的严重失真。因此,滑动相关法需要在伪码相位搜索的同时引入 FFT 谱分析来实现载波多普勒频移的搜索和补偿。

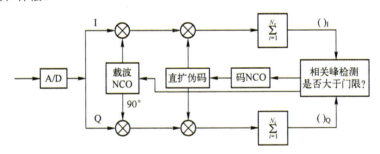

图 3.24 ┃滑动相关法伪码捕获方法的系统结构框图

当 FFT 运算的点数过大时,FFT 谱分析将会消耗大量的计算和存储资源,导致较高的信号处理时延。为保证捕获算法的实时信号处理需求,接收机可以在进行 FFT 谱分析之前利用 PMF 对接收信号进行降速处理。至此，可以得到如图 3.25 所示的 PMF-FFT 捕获结构和 PMF-FFT 扩频伪码滑动相关算法。从图 3.25 可知，在接收信号与本地伪码相乘后，PMF-FFT 扩频伪码滑动相关算法首先对每 N_PMF 个码片的数据进行累加，将长度为 N_c 点的数据序列变为 N_c/N_PMF 点的序列。随后，接收机对这一 N_c/N_PMF 点的序列进行 N_FFT（$N_\text{FFT} \geqslant N_c/N_\text{PMF}$）点的 FFT 运算，并分析所得频谱的峰值是否超过门限值。若频谱峰值超过预设门限，则认为本地伪码相位与接收信号码相位达到一致，并且该谱峰对应的频率为多普勒频移的估计值。需特别指出，N_FFT 是 2 的整数次幂。如果 $N_c/N_\text{PMF} < N_\text{FFT}$，则接收机需在 N_c/N_PMF 点的序列后面补零至 N_FFT 点数据。

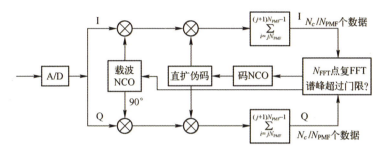

图 3.25 PMF-FFT 的捕获结构框图

为保证 PMF-FFT 扩频伪码滑动相关算法的信号捕获性能，需要在实际应用中根据 PMF-FFT 结构的幅频特性和多普勒频偏的大小选择合适的 N_PMF。有关 PMF-FFT 结构的幅频特性的具体分析可以参见文献[11]。下面将通过一个具体的例子来说明 PMF-FFT 结构的幅频响应及 N_PMF 的取值对捕获性能的影响。设直扩伪码码长 $N_c = 1024$，码片速率为 3.069Mcps。图 3.26 展示了 $N_\text{PMF} = 128$，$N_\text{FFT} = 8$ 时 PMF-FFT 结构的幅频响应。如图 3.26 所示，部分相关是一个低通滤波过程。因此，随着多普勒频偏的增大，对应的 FFT 谱线的幅值随之下降，从而导致捕获概率的下降。上述由相关运算引起的 FFT 谱线幅值下降称为相关损失。图 3.27 展示了 N_PMF 的取值对 PMF-FFT 结构幅频响应的影响。从图中可知，虽然 FFT 运算的点数随着 N_PMF 的增大而减小，但是相应的相关损失也更加的厉害。因此，实际应用中应当根据系统的多普勒频偏范围以及器件的运算能力合理选择 N_PMF 的取值。图 3.26 与图 3.27 中 FFT 输出幅度周期性的下降是由 FFT 运算中相位补偿不完全所引起的，这种周期性的幅度下降同时也会导致捕获概率的下降。

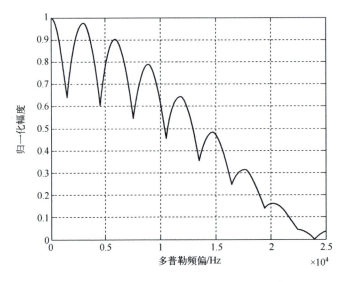

图 3.26 PMF-FFT 结构的幅频响应（$N_{FFT}=8$）

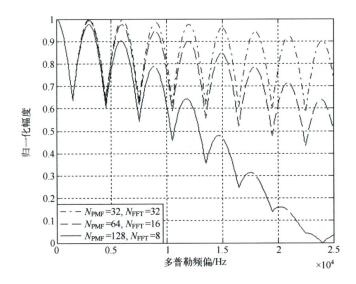

图 3.27 相关器规模与相关损失的关联性

与传统的滑动相关法相比，PMF-FFT 扩频伪码滑动相关算法能够在保证捕获性能的同时提高系统的实时性。然而，受载波频率跳变的影响，该算法难以直接应用于跳扩系统的捕获。如图 3.28 所示，记接收信号的跳频起跳点与本地的时间误差为 τ。为了方便分析，假设收发双发的跳频频点间不存在频偏。此时,若 $\tau=0$,解跳后相邻两跳的相位差为 0。若 $\tau \neq 0$,则解跳后相邻两跳之间会存在大小为 $\Delta\varphi_j = 2\pi(f_{h,j} - f_{h,j-1})\tau$ 的相位差,其中,$f_{h,j}$ 和 $f_{h,j-1}$ 分别为第 j 跳和第 $j-1$ 跳载波的中心频点。

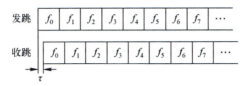

图 3.28 收发跳频时间误差示意图

跳频频点的最小间隔为码片速率 R_c。当起跳时间误差 τ 为码片周期 T_c 时,由该误差所引起的相邻两跳间的相位差将会达到 2π。因此,受起跳时间误差的影响,1 比特内不同跳频频点上的码片间的相关累加可能会导致相关峰值损失严重,从而使得接收机无法捕获跳扩信号。为此,有必要在相关累加前对码片间的跳频相位差进行补偿处理。由图 3.28 可知,当直扩伪码起始边界和起跳点完全对齐时,扩频伪码的相位反映了起跳时间误差。因此,在用 PMF-FFT 结构进行滑动相关的过程中,需要将当前滑动相关法所对应的扩频伪码相位作为跳频时间误差 τ 的估计值进行跳频相位补偿。设 $\hat{s}_{h,j}$ 为一比特中每跳内相关累积的值,则在相位补偿后的相关累积值为 $\sum_{j=1}^{N_h} \hat{s}_{h,j} \mathrm{e}^{-\mathrm{i}2\pi(f_{h,j}-f_{h,j-1})\tau}$。由此,便得到了基于跳频相位补偿的 PMF-FFT 扩频伪码滑动相关算法。接下来,将通过理论分析和计算机仿真的方式对该方法的信号捕获性能进行评估。

3.2.2.3　BPSK 快跳扩信号捕获性能评估

噪声和干扰环境下的漏捕和虚捕概率是衡量捕获算法性能的关键指标。本小节将以宽带干扰为例,分别通过理论推导和计算机仿真讨论本小节中所介绍的快跳扩信号捕获算法的性能。

(1) 捕获算法性能分析

设直扩伪码的扩频比为 N_c,跳频频点总数为 N_h,跳频频点间隔等于直扩伪码速率 R_c,跳频信号总带宽 $W_h = N_h R_c$。根据前几节的讨论可知,快跳扩信号捕获算法的性能取决于解跳、解扩后的基带信号特性。除接收机所期望的有用信号 $x(t)$ 之外,解跳、解扩后的基带信号 $y_{\mathrm{Rx}}(t)$ 还受到噪声 $z_{\mathrm{Rx}}(t)$ 和干扰信号 $z_{\mathrm{Jam}}(t)$ 的影响,即

$$y_{\mathrm{Rx}}(t) = x(t) + z_{\mathrm{Jam}}(t) + z_{\mathrm{Rx}}(t) \tag{3.46}$$

经过 ADC 以周期为 T_s 进行采样后，$y_{Rx}(t)$ 被离散化为 $y_{Rx}(nT_s)$。对 $y_{Rx}(nT_s)$ 进行累加、取模、求平方后，可得信号检测的判决量 Λ。若 Λ 的取值超过预设的门限 V，则认为完成了初始捕获。当初始捕获到信号后，接收机还需要在下一扫频周期对相关的结果进行验证。只有当验证相关值超过门限 V_{ck} 时，才认定完成了跳扩信号的捕获，否则转入重新捕获阶段。

不失一般性，设接收机的采样周期 T_s 等于码片宽度 $1/R_c$，$z_{Jam}(t)$ 和 $z_{Rx}(t)$ 为零均值、功率谱密度分别为 $\eta_{Rx,I}$ 和 $\eta_{Jam,I}$ 的高斯白噪声。此时，各采样时刻的噪声（干扰）为独立同分布的均值为 0，方差为 $\eta_{Rx,I}R_c$（$\eta_{Jam,I}R_c$）的高斯随机变量。接收机在一个扫频周期内的漏捕概率可以分别表示为

$$\mathbb{P}_{MD} = 1 - \mathbb{P}(\Lambda_{max} \geqslant V|H_1)\mathbb{P}(\Lambda_{max} \geqslant V_{ck}|H_1) \tag{3.47}$$

式中：Λ_{max} 代表信号滑动相关过程中检测判决量 Λ 的最大值。从滑动相关过程可知，当扫频起跳位置与接收信号完全一致、搜索时码相位恰好在最佳采样点，并且搜索频偏与实际频偏完全一致时，Λ_{max} 可以表示为

$$\begin{aligned}\Lambda_{max} &= \left|\sum_{k=1}^{K} s_k \sum_{n=i+(k-1)N_c}^{i+kN_c-1} C_{Tx,n}^2 + \sum_{k=1}^{K}\sum_{n=i+(k-1)N_c}^{i+kN_c-1} C_{Tx,n}\left(z_{Jam}(nT_s)+z_{Rx}(nT_s)\right)\right|^2 \\ &= \left|\sum_{k=1}^{K} s_k N_c + \sum_{k=1}^{K}\sum_{n=i+(k-1)N_c}^{i+kN_c-1} C_{Tx,n}\left(z_{Jam}(nT_s)+z_{Rx}(nT_s)\right)\right|^2\end{aligned} \tag{3.48}$$

式中：s_k 是发送的符号；$C_{Tx,n}$ 代表直扩伪码对应码片的取值。H_1 表示存在跳扩信号传输，$\mathbb{P}(\Lambda_{max} \geqslant V|H_1)$ 代表接收机在 H_1 成立时 Λ_{max} 超过预设门限的概率，$\mathbb{P}(\Lambda_{max} \geqslant V_{ck}|H_1)$ 表示捕获结果在下一扫频周期得到确认的概率。从式（3.47）可知，跳扩信号的漏捕概率取决于 Λ_{max} 的分布。扩频信号的捕获通常是通过检测一段未被数据调制的同步导频来完成。从式（3.46）和式（3.48）可知，$\Lambda_{max}/(KN_c(\eta_{Jam,I}R_c+\eta_{Rx,I}R_c))$ 服从自由度为 1、参数为 $KN_cP/(\eta_{Jam,I}R_c+\eta_{Rx,I}R_c)$ 的非中心卡方分布。根据非中心卡方分布的分布函数分别得到 $\mathbb{P}(\Lambda_{max} \geqslant V|H_1)$ 和 $\mathbb{P}(\Lambda_{max} \geqslant V_{ck}|H_1)$ 之后，将得到的结果代入式（3.47）即可得到 $\mathbb{P}_{MD}$ 的表达式。

当跳扩信号不存在时，每次滑动相关后所得到的 Λ_{max} 服从参数为 $1/(KN_c(\eta_{Jam,I}R_c+\eta_{Rx,I}R_c))$ 的指数分布。由此可得一次滑动相关后的虚捕概率 $\mathbb{P}_{FA,I}$ 以及虚捕的结果在下一扫频周期得到确认的概率 $\mathbb{P}_{FA,ck}$。根据之前的讨论可知，只有当接收机的捕获结果在下一扫频周期得到确认以后才算真正的捕获。

因此，可以近似得到每次扫频周期内发生虚捕的概率为

$$\mathbb{P}_{\mathrm{FA}} = \left(1 - \left(1 - \mathbb{P}_{\mathrm{FA},1}\right)^{N_{\mathrm{FA}}}\right) \mathbb{P}_{\mathrm{FA,ck}} \qquad (3.49)$$

式中：$N_{\mathrm{FA}} \approx N_{\mathrm{FA},t} \times N_{\mathrm{FA},f}$，$N_{\mathrm{FA},t}$ 是在滑动相关过程中所得到的不相关的判决量的个数，其中 $N_{\mathrm{FA},f}$ 是在每个码相位上不相关的判决量所对应的频点的个数。记滑动相关的时间间隔为 T_{Slide}，T_{Slide} 的取值通常小于 $1/R_c$。根据直扩伪码的相关特性可知，滑动相关过程中一共有 $N_{\mathrm{FA},t} = N_{\mathrm{sc}}/(R_c T_{\mathrm{Slide}})$ 个时刻对应的结果是不相关的。同时，令 $X(i, f_{j_1})$ 为搜索码相位为 i、频点为 f_{j_1} 时对应的相关结果，则

$$\begin{aligned}
&\mathrm{E}\left[\left(X(i, f_{j_1}) - \mathrm{E}\left[X(i, f_{j_1})\right]\right)\left(X(i, f_{j_2}) - \mathrm{E}\left[X(i, f_{j_2})\right]\right)^*\right] \\
&= \left(\eta_{\mathrm{Jam,I}} R_c + \eta_{\mathrm{Rx,I}} R_c\right) \sum_{k=1}^{K} \sum_{n=i+(k-1)N_c}^{i+kN_c-1} \mathrm{e}^{-\mathrm{i}2\pi(f_{j_1}-f_{j_2})nT_s} \\
&= \left(\eta_{\mathrm{Jam,I}} R_c + \eta_{\mathrm{Rx,I}} R_c\right) \mathrm{e}^{-\mathrm{i}2\pi(f_{j_1}-f_{j_2})iT_s} \frac{1 - \mathrm{e}^{-\mathrm{i}2\pi(f_{j_1}-f_{j_2})KN_c T_s}}{1 - \mathrm{e}^{-\mathrm{i}2\pi(f_{j_1}-f_{j_2})T_s}} \\
&= \left(\eta_{\mathrm{Jam,I}} R_c + \eta_{\mathrm{Rx,I}} R_c\right) \mathrm{e}^{-\mathrm{i}\pi(f_{j_1}-f_{j_2})(2i+KN_c-1)T_s} \frac{\sin\left(\pi(f_{j_1}-f_{j_2})KN_c T_s\right)}{\sin\left(\pi(f_{j_1}-f_{j_2})T_s\right)}
\end{aligned} \qquad (3.50)$$

根据式（3.50）可知，当 $(f_{j_1} - f_{j_2})KN_c T_s = 1$ 时，$X(i, f_{j_1})$ 和 $X(i, f_{j_2})$ 的相关为 0，即同一时刻相距 $1/(KN_c T_s)$ 的两个频点所对应的相关值不相关。因此，在滑动相关的每一时刻有 $N_{\mathrm{FA},f} = KN_c T_s W_{\mathrm{Dop}}$ 个不相关的相关值。将 $N_{\mathrm{FA},t}$ 和 $N_{\mathrm{FA},f}$ 的取值代入式（3.49）即可得到基于频率扫描滑动相关的捕获算法的虚捕概率。

（2）捕获算法性能仿真

下面将通过计算机仿真来验证上述快跳扩信号捕获算法的性能。设仿真过程中信息速率 $R_b = 100\,\mathrm{b/s}$，直扩伪码的扩频比 $N_c = 10000$，跳频频点总数为 $N_{\mathrm{Hop}} = 128$，跳频频点连续分布，相邻跳频频点的间隔等于直扩伪码的码片速率 R_c，每符号内的跳频频点数 $N_h = 100$，扫频参数 $\lambda = 0.25$，最大多普勒频偏 $f_{d,\max} = 2\,\mathrm{kHz}$。为减小干扰对相关累积的影响，解跳、滤波后的信号首先经过数字自动增益控制器（Digital Automatic Gain Control，DAGC）的处理，将每一跳的功率都稳定到一个固定的值上后再送给捕获模块，捕获时用于相干累加的比特数 $K = 8$。仿真时归一化信噪比值固定为 15dB。

图 3.29 给出了本节快跳扩信号捕获算法在宽带干扰下的单次漏捕概率和虚

捕概率,其中,V代表接收机的初始判决门限。从图中可以看出,单次漏捕概率随着初始判决门限V的增大而增加。这主要是因为门限越高,相关累积后的结果超过判决门限的概率越小,从而导致较高的漏捕概率。与漏捕的情况不同,判决门限越高,非有用信号超过门限的概率也越小,因而发生虚捕概率也越小。因此,图3.29中的单次虚捕概率随着判决门限的升高而减小。在实际应用中,接收机需要选择合适的判决门限V以保证虚捕概率和漏捕概率都能满足指标要求。图3.29显示,随着信干比的增大,信号的单次漏捕概率迅速下降。产生这一现象的主要原因是有用信号功率的相对占比随着信干比的增加而不断增大,从而使得接收机更易捕获到快跳扩信号。

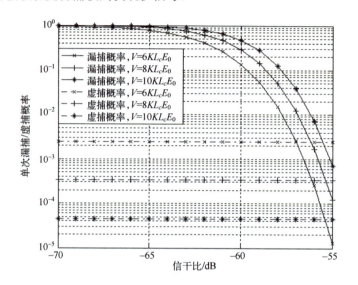

图 3.29 在宽带干扰下的单次漏捕概率和虚捕概率

3.3 空天低零谱隐蔽通信

空天通信系统以卫星和空中飞行器为主体,是典型的广域无线通信场景。开放的无线电磁环境一方面使得暴露在其中的通信信号极易被发现,另一方面也使得空天通信系统往往需要面临复杂多变的电磁干扰环境。因此,与一般的隐蔽通信系统相比,空天隐蔽通信信号需要具有更低的功率谱和更强的抗干扰能力。从频域的角度来看,为保证空天通信系统的隐蔽性和抗干扰能力,亟需探究如何在低零谱隐蔽通信技术的基础上进一步降低信号的功率谱密度、提升符号内的频率分集增益。相关技术的研发需要解决由空天场景下收发距离远、平台速度快所带来的接收信噪比低、多普勒动态大的挑战。由于发射信号功率谱密度的降低，加上大气云层遮挡和复杂地形带来的阴影衰落，使得到达接收机天线的信号极其微弱。为保证信号的可靠接收，亟需探究一种高效的能量聚合方法将弥散的能量重新汇聚起来。然而，空天平台间可达数十马赫的相对运动将会导致传输链路载波频率、相位及时延等参数的快速变化，为接收机处的高效能量聚合带来了巨大的挑战。

近年来，国际上围绕低轨互联网星座、高动态飞行器展开了新一轮的装备竞赛。随着各国空天平台数量的日益增长，空天隐蔽通信信号将面临全方位、多平台的联合侦测。在这一新形势下，有必要进一步探究基于多平台协作的低零谱隐蔽通信技术，通过多平台的协同传输、协作接收和信息共享，实现"1+1>2"的效果。

3.4 本章小结

本章从信号能量在频域的弥散出发，对低零谱隐蔽通信系统进行介绍。首先介绍了基于直接序列扩频的低零隐蔽通信技术，给出了直接序列扩频的伪码设计方法与优选方法，并对直接序列扩频隐蔽通信信号的同步算法进行研究，实现信号的低零谱传输与高效、可靠接收。随后，在直接序列扩频的基础上进一步讨论了基于快跳扩的低零谱隐蔽通信增强技术，并重点介绍了基于频率扫描滑动相关的快跳扩信号捕获算法。最后，结合空天通信的需求和特点，讨论了低零谱隐蔽通信在空天场景中的应用及其所面临的挑战。

参 考 文 献

[1] Brayer K, Cardinale O. Evaluation of Error Correction Block Encoding for High-Speed HF Data[J]. IEEE Transactions on Communication Technology, 1967, 15(3): 371-382.

[2] 王秀琴, 熊胜利, 陈顺卿, 等. 线性代数与群论初步[M]. 开封：河南大学出版社，1993.

[3] 屈婉玲, 耿素云, 张立昂. 离散数学[M]. 北京：清华大学出版社, 2005.

[4] 张贤达. 矩阵分析与应用[M]. 北京：清华大学出版社, 2004.

[5] 刘飞, 万佳君, 李峰. 跳频系统中基于伪随机映射的快速交织器[J]. 现代导航, 2021, 12(03): 199-204.

[6] 谢顺钦, 周锞, 杨春, 等. 串行级联多指数连续相位调制的迭代检测[J]. 太赫兹科学与电子信息学报, 2018,16(06):970-975.

[7] Cover T M. Elements of Information Theory[M]. New York: John Wiley & Sons, 1999.

[8] Viterbi A J, Viterbi A M．Nonlinear Estimation of PSK-Modulated Carrier Phase with Application to Burst Digital Transmission[J]．IEEE Transactions on Information Theory, 1983, 29(3)：543–551.

[9] Nezami M K. Synchronization in Digital Wireless Radio Receivers[M]. Florida: Florida Atlantic University, 2001.

[10] Meyr H, Moeneclaey M, Fechtel S A. Digital Communication Receivers: Synchronization, Channel Estimation, and Signal Processing[M]．New York: John Wiley & Sons, 1998.

[11] 胡建波. 高动态扩频信号快速捕获方法的研究[D]. 哈尔滨：哈尔滨工程大学, 2005.

第4章 掩体隐蔽通信

随着无线通信网络中接入设备的爆炸式增长，频谱占用现象越来越明显，尤其在复杂的战场环境中，信道的占用和拥塞情况十分严重。研究表明，将已有通信设备的信号作为掩体信号，在掩体信号占用的频谱中发送隐蔽通信信号可以有效提高隐蔽通信性能。本章将讨论基于此思想的掩体隐蔽通信，4.1 节首先根据掩体信号的来源，将掩体分成自掩体、合作掩体和环境掩体三类。4.2 节至 4.4 节分别介绍自掩体隐蔽通信技术、基于全双工接收机的合作掩体隐蔽通信技术和环境掩体隐蔽通信技术。4.5 节给出电磁掩体在空天隐蔽通信系统中的应用案例。最后，4.6 节对本章内容进行梳理和总结。

4.1 掩体的分类

如图 4.1 所示，根据掩体信号的来源，掩体主要分为自掩体、合作掩体和环境掩体三类。

当掩体信号和隐藏信号由同一设备发送时，该掩体信号称为自掩体信号。如图 4.1（a）所示，在自掩体隐蔽通信系统中，发送方可以通过非正交多址接入、多天线混合预编码等方式，将隐蔽通信信号与公开通信信号叠加合并传输，利用自己发送的公开信号作为掩体降低侦听方的检测概率，提高传输的隐蔽性。当掩体信号由接收方或者协作的第三方用户发送时，该掩体信号称为合作掩体信号。如图 4.1（b）所示，全双工接收方在接收隐蔽信号的同时，通过其余天线发送人工噪声作为合作掩体对侦听方进行干扰，从而提高传输的隐蔽性。类似地，在图 4.1（c）中，合作掩体信号来源于与隐蔽传输协作的第三方用户。另外，当掩体信号不是隐蔽通信方人为制造，而是来源于环境中所有其他电子设备公开发送的信号时，如电视信号、Wi-Fi 信号等，该掩体信号称为环境掩体信号。如图 4.1（d）所示，隐蔽传输用户通过认知环境中的掩体信号，选择合适的频点进行隐藏式传输，从而提高传输的隐蔽性。

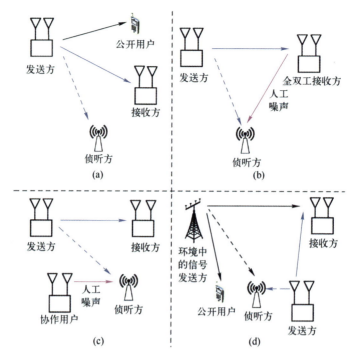

图 4.1 ┃ 自掩体、合作掩体、环境掩体隐蔽通信系统示意图

根据掩体的分类，本章将分别在 4.2 节、4.3 节和 4.4 节对自掩体隐蔽通信技术、基于全双工接收机的合作掩体隐蔽通信技术和环境掩体隐蔽通信技术进行介绍。

4.2 自掩体隐蔽通信技术

在某些隐蔽通信场景中，发送方本身的存在不需要隐蔽，发送方可以自由发送公开信号，此时可以利用发送方发送的公开信号作为"自掩体"，掩护隐蔽信号的传输，这一技术称为自掩体隐蔽通信技术。自掩体隐蔽通信技术将隐蔽信号叠加在某个公开信号之中，通过多个公开信道以及隐蔽信道同时发送公开信号和隐蔽信号。对于接收方和侦听方而言，必须首先成功解码被隐蔽信号叠加的公开信号，否则无法解码甚至识别出隐蔽信号[1]。这里自掩体隐蔽通信技术定义的"隐蔽行为"，特指发送方发送隐蔽信号的行为，而不是指发送方发送任何信号的行为，其中隐蔽信号的码字对应的码本没有得到侦听方的掌握[2]。

在传统的低检测概率通信中，侦听方与接收方对信道的先验信息存在差距，发送方一般利用这种信息差进行隐蔽通信；而在自掩体隐蔽通信系统中，假设侦听方与接收方对信道的先验知识相同[3]，发送方将隐蔽信号隐藏在公开通信行为之中并使得由此产生的失真最小，接收方可以首先解码公开信号然后解码隐蔽信号，而侦听方则会将这种微小的失真归因于信道和硬件的噪声。

自掩体隐蔽通信技术本质上是利用公开信道的多样性隐藏隐蔽信号的传输。研究表明，随着公开信道数量的增加，自掩体隐蔽通信系统侦听方的错误检测概率在理论上将快速上升并收敛至 1[1]，即当公开信道足够多且侦听方对哪条信道隐藏隐蔽信号未知时，自掩体隐蔽通信在理论上无法被检测。另外，自掩体隐蔽通信技术的错误检测概率与传输功率无关[4]。因此，与传统的低检测概率通信技术相比，自掩体隐蔽通信技术无需为降低检测概率减少发射功率。

本节首先介绍自掩体隐蔽通信的系统模型和侦听方的检测策略，然后从理论和数值仿真两个层面分析自掩体隐蔽通信系统的性能。

4.2.1 自掩体隐蔽通信系统模型

考虑一个下行广播系统，发送方通过正交公开信道向 L 个公开用户发送公开信号 $s_1, s_2, \cdots, s_L$，每个信号为长度为 N_s 的字符串。发送方配备 N_{Tx} 个天线，所有的公开用户只配备单天线，对应每个用户的信道分别表示为 $\boldsymbol{h}_1, \boldsymbol{h}_2, \cdots, \boldsymbol{h}_L$。发送方在 L 个公开信号中选择 1 个信号，叠加隐蔽信号 s_c 并发送到隐蔽接收方，且存在一个侦听方在监听发送方是否发送了隐蔽信号。公开信道、隐蔽信道以及侦听信道的信道增益都服从独立同分布的复高斯分布。自掩体隐蔽通信系统的系统模型如图 4.2 所示。

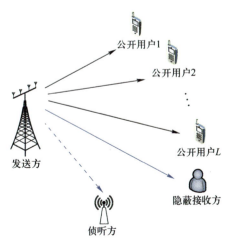

图 4.2 自掩体隐蔽通信系统模型示意图

假设发送方通过信道估计可以得到理想的信道状态信息,但隐蔽接收方不发送先导信号,因此发送方无法获得隐蔽信道 h_E 的信息。叠加隐蔽信号进行传输会造成公开信息吞吐量的损失,为最小化该损失,发送方采用自适应隐蔽通信发送方案,即当公开信道增益较低时发送隐蔽信号,此时公开信号的传输速率也很低,否则,当公开信道增益较高时不发送隐蔽信号。因此,自适应隐蔽通信方案中第 l 个用户的发送信号可以表示为

$$x_l = \begin{cases} h_l s_l / \|h_l\|, & \|h_l\|^2 \geqslant g_0 \\ h_l \left(\sqrt{1-\zeta} s_c + \sqrt{\zeta} s_l\right) / \|h_l\|, & \|h_l\|^2 < g_0 \end{cases} \quad (4.1)$$

式中:$h_l / \|h_l\|$ 表示波束成形向量以最大化通信速率;$\zeta = P_o / P_c \in (0,1)$ 表示公开信号与隐蔽信号的发射功率之比;g_0 表示自适应隐蔽通信发送方案的信道增益门限值。公开信号 s 以速率 $r_s = \log_2\left(1+\|h_l\|^2 \gamma\right)$ 进行发送,其中 γ 表示信噪比。当 $\|h_l\|^2 \geqslant g_0$ 时,由于信道增益较高,公开信号通信速率较高,发送方不发送隐蔽信号,这种自掩体隐蔽通信的自适应发送方案可以有效提高侦听方的错误检测概率,提高隐蔽性。

侦听方的接收信号向量为 $y_{Ev} = \left(y_{Ev,1}, y_{Ev,2}, \cdots, y_{Ev,N_s}\right)^T$,其中每个元素可以表示为

$$\begin{aligned} y_{Ev,i} &= g_h x_i + z_{Ev,i} \\ &= \begin{cases} g_h s_i + z_{Ev,i}, & H_0 \\ g_h \left(\sqrt{1-\zeta} s_{c,i} + \sqrt{\zeta} s_i\right) + z_{Ev,i}, & H_1 \end{cases} \end{aligned} \quad (4.2)$$

式中:g_h 表示发送方与侦听方之间信道的信道增益;$z_{Ev,i}$ 表示方差为 σ_e^2 的 AWGN;假设 H_0 表示发送方没有发送隐蔽信号,H_1 表示发送方发送隐蔽信号。在自掩体隐蔽通信系统中,侦听方与接收方对信道的先验知识相同。因此,假设侦听方在两种假设条件下都对公开的系统统计参数已知,包括信号发射功率 P、信道增益 g_h 和噪声方差 σ_e^2 等。

4.2.2 侦听方检测策略

侦听方需要基于接收到的信号向量 y_{Ev} 对发送方是否发送隐蔽信号 s_c 进行判决。当字符串长度 N_s 趋向于正无穷时,两种假设 H_0 和 H_1 情况下的平均信号接收功率 $\|y_{Ev}\|^2 / N_s$ 都收敛于 $|g_h|^2 P + \sigma_z^2$,因此,侦听方无法通过辐射计探测器,即能量检测器直接进行隐蔽通信检测。

在自掩体隐蔽通信系统中，假设侦听方使用似然比检测（Likelihood Ratio Test，LRT）方法进行两种假设的判定，LRT 方法的特点是可以在一定虚警概率的条件下最大化正确检测概率[5]。在数学上，LRT 方法可以简述为对概率 $\mathbb{P}(\mathbf{y}_{\text{Ev}}|g_h,\mathbf{s},H_1)$ 以及概率 $\mathbb{P}(\mathbf{y}_{\text{Ev}}|g_h,\mathbf{s},H_0)$ 分别与检测门限值 V 比较大小：若 $\mathbb{P}(\mathbf{y}_{\text{Ev}}|g_h,\mathbf{s},H_1) \leqslant V$，则判定为假设 H_0；反之，若 $\mathbb{P}(\mathbf{y}_{\text{Ev}}|g_h,\mathbf{s},H_0) > V$，则判定为假设 H_1。由于侦听方对隐蔽信号对应的码本未知，因此在进行检测时要将隐蔽信号 $\mathbf{s}_c$ 看作噪声。

当侦听方无法确定哪一个公开信号 $\mathbf{s}_l$ 嵌入隐蔽信号时，侦听方的最优策略为边缘化似然函数以消除未知参数 $\mathbf{s}_l$，即侦听方进行边缘似然比检测（Marginal Likelihood Ratio Test，MLRT），计算边缘似然比为

$$\Lambda := \frac{\mathbb{P}(\mathbf{y}_{\text{Ev}}|g_h,H_1)}{\mathbb{P}(\mathbf{y}_{\text{Ev}}|g_h,H_0)} \tag{4.3}$$

研究表明，不论发送方是否发送隐蔽信号，侦听方观察到的边缘概率分布 $\mathbb{P}(\mathbf{y}_{\text{Ev}}|g_h,H_1)$ 和 $\mathbb{P}(\mathbf{y}_{\text{Ev}}|g_h,H_0)$ 都相同[1]。在此情况下，无论怎样设计检测门限值 V，错误检测概率 $\mathbb{P}_e$ 都为 1。因此，如果侦听方无法解码叠加隐蔽信号的公开信号，在理论上其无法判断自掩体隐蔽通信行为是否发生。

另外，当侦听方可以确定叠加隐蔽信号的公开信号 $\mathbf{s}_l$，并成功解码时，其可以通过设计检测门限 V' 使得错误检测概率为 0，此时似然比表示为 Λ'。当然，这是建立在侦听方已知所有的系统统计参数，即信号发射功率 P、信道增益 g_h 和噪声自掩体隐蔽通信性能分析方差 σ_e^2 等的完美假设条件下的。这些系统统计参数的不确定性会进一步提高自掩体隐蔽通信的隐蔽性。

侦听方必须成功解码叠加隐蔽信号的公开信号，否则将无法对自掩体隐蔽通信进行检测。因此，发送方可以通过设计波束成形，最大化公开信号的通信速率，以降低侦听方的成功解码概率，以此提高隐蔽通信的检测难度。

4.2.3 自掩体隐蔽通信性能分析

本节将通过分析侦听方的错误检测概率和接收方的传输中断概率以及隐蔽通信速率，从理论上分析自掩体隐蔽通信技术的性能。

4.2.3.1 错误检测概率

根据香农定理，当信号传输速率不超过信道容量时，接收方在理论上可以成功解码信号，反之则无法解码。据此，将侦听方对 $\mathbf{s}$ 解码成功和失败事件进行概率平均，总错误检测概率可以表示为

$$\begin{aligned}\mathbb{P}_e &= \mathbb{P}_{FA} + \mathbb{P}_{MD} \\ &= \mathbb{P}\left(\Lambda > V, \mathcal{I}(s; y_{Ev}) < r_s \mid H_0\right) \\ &\quad + \mathbb{P}\left(\Lambda' > V', \mathcal{I}(s; y_{Ev}) \geqslant r_s \mid H_0\right) \\ &\quad + \mathbb{P}\left(\Lambda \leqslant V, \mathcal{I}(s; y_{Ev}) < r_s \mid H_1\right) \\ &\quad + \mathbb{P}\left(\Lambda' \leqslant V', \mathcal{I}(s; y_{Ev}) \geqslant r_s \mid H_1\right)\end{aligned} \tag{4.4}$$

式中：

$$\mathcal{I}(s; y_{Ev}) = \begin{cases} \log_2\left(1 + |g_h|^2 \gamma\right), & H_0 \\ \log_2\left(1 + \dfrac{\zeta |g_h|^2 \gamma}{(1-\zeta)|g_h|^2 \gamma + 1}\right), & H_1 \end{cases} \tag{4.5}$$

表示发射信号 s 和接收信号 y_{Ev} 的互信息量，即最大可实现数据速率；$\gamma = P/\sigma_e^2$ 表示信噪比；r_s 表示发射信号 s 的传输速率；当 $\mathcal{I}(s; y_{Ev}) < r_s$ 时侦听方无法解码 s。

（1）侦听方目标。侦听方旨在通过设计检测门限 V 和 V' 以最小化错误检测概率 $\mathbb{P}_e$。一方面，当侦听方可以确定哪一个信号 s 叠加隐蔽信号并成功解码时，可以通过设计检测门限 V' 使得错误检测概率为 0，即式（4.4）中右侧第二项和第四项为 0；另一方面，由式（4.5）可知，$\mathcal{I}(s; y_{Ev})$ 在 H_0 条件下的值大于 H_1 条件下的值，即事件概率 $\mathbb{P}(\mathcal{I}(s; y_{Ev}) < r_s \mid H_0)$ 小于事件概率 $\mathbb{P}(\mathcal{I}(s; y_{Ev}) < r_s \mid H_1)$，因此侦听方可以设计 $V < \Lambda$。这样一来，侦听方的最小错误检测概率表示为

$$\mathbb{P}_{e,\min} = \mathbb{P}\left(\mathcal{I}(s; y_{Ev}) < r_s \mid H_0\right) \tag{4.6}$$

此时，当隐蔽信号未发送，发送方可以通过增加信号 s 的传输速率 r_s 来提高最小错误检测概率。实际上，式（4.1）就实现了这种自适应发送方案，当信道增益超过一个门限值时，信号 s 的传输速率 r_s 较高，此时不发送隐蔽信号。

（2）发送方目标。发送方旨在通过从集合 $\{s_1, s_2, \cdots, s_L\}$ 中选择最合适的 s 以最大化侦听方的最小错误检测概率 $\mathbb{P}_{e,\min}$。假设发送方无法得知其与侦听方之间的信道状态信息 h_E，那么互信息量 $\mathcal{I}(s; y_{Ev})$ 也未知，发送方可以通过提高 r_s 以提高最小错误检测概率 $\mathbb{P}(\mathcal{I}(s; y_{Ev}) < r_s \mid H_0)$。发送方首先对公开信道的信道增益进行排序，表示为 $\|h_{(1)}\| \geqslant \|h_{(2)}\| \geqslant \cdots \geqslant \|h_{(L)}\|$，那么对应信号 $s_{(1)}, s_{(2)}, \cdots, s_{(L)}$ 的传输速率表示为 $\|r_{(1)}\| \geqslant \|r_{(2)}\| \geqslant \cdots \geqslant \|r_{(L)}\|$。发送方可以选择将隐蔽信号叠加到信号 $s_{(1)}$ 中，其对应的信道增益最高，理论传输速率最大，以最大化侦听方的最小错误检测概率。因此，最大化的最小错误检测概率可以表示为

$$\mathbb{P}_{e,\max\min} = \mathbb{P}\big(\mathcal{I}(\bm{s}_{(1)}; \bm{y}_{\mathrm{Ev}}) < r_s \mid H_0\big) \tag{4.7}$$

式（4.7）中的错误检测概率是通过假设侦听方知道隐蔽信号叠加到哪一个公开信号条件下得到的。然而，即使侦听方无法得知发送方公开信号的具体选择，最大化的最小错误检测概率仍为式（4.7），因为只要发送方遵循隐蔽信号叠加在速率最高的公开信号上这一定律，具体公开信号 s 选择的不确定性不会提高自掩体隐蔽通信的隐蔽性。

（3）错误检测概率。假设发送方以速率 $r_{(1)} = \log_2\big(1 + \|\bm{h}_{(1)}\|^2 \gamma\big)$ 发送公开信号 $\bm{s}_{(1)}$，并在此信号上叠加隐蔽信号 $\bm{s}_c$。当 $\|\bm{h}_{(1)}\|^2 \geqslant g_0$ 时，发送方不发送隐蔽信号。此时，最大化的最小错误检测概率表示为[1]

$$\begin{aligned}
\mathbb{P}_{e,\max\min} &= \mathbb{P}\big(|g_h|^2 < \|\bm{h}_{(1)}\|^2 \,\big|\, \|\bm{h}_{(1)}\|^2 \geqslant g_0\big) \\
&= 1 - \frac{\int_\tau^\infty F_{\|\bm{h}_{(1)}\|^2}(x) f_{|g_h|^2}(x) \mathrm{d}x}{1 - F_{\|\bm{h}_{(1)}\|^2}(g_0)} + \frac{F_{\|\bm{h}_{(1)}\|^2}(g_0)\big(1 - F_{|g_h|^2}(g_0)\big)}{1 - F_{\|\bm{h}_{(1)}\|^2}(g_0)} \\
&= 1 - \frac{\int_\tau^\infty f_{\|\bm{h}_{(1)}\|^2}(x) \mathrm{e}^{-\frac{x}{\sigma_e^2}} \mathrm{d}x}{1 - F_{\|\bm{h}_{(1)}\|^2}(g_0)}
\end{aligned} \tag{4.8}$$

式中：F 代表累积分布函数（Cumulative Distribution Function, CDF）；f 代表概率密度函数（Probability Density Function, PDF）；$F_{\|\bm{h}_{(1)}\|^2}(x) = \prod_{l=1}^{L} F_{\|\bm{h}_l\|^2}(x)$；$f_{\|\bm{h}_{(1)}\|^2}(x) = \sum_{l=1}^{L} f_{\|\bm{h}_l\|^2}(x) \prod_{j=1, j\neq l}^{L} F_{\|\bm{h}_j\|^2}(x)$。

对于 $N_{\mathrm{Tx}} = L = 1$ 的特殊情形，最大化的最小错误检测概率为

$$\mathbb{P}_{e,\max\min} = 1 - \frac{\sigma_e^2}{\sigma_h^2 + \sigma_e^2} \mathrm{e}^{-\frac{g_0}{\sigma_e^2}} \tag{4.9}$$

式中：σ_e^2 表示侦听信道高斯分布的方差；σ_h^2 表示公开信道高斯分布的方差。可以发现，随着信道增益门限值 g_0 的增加，错误检测概率迅速收敛至 1。定义检测概率约束 β，对于任意 $\beta > 0$，当 $N_s \to \infty$ 时，如果满足条件 $\mathbb{P}_e \geqslant 1 - \beta$，那么认定发送方成功实现隐蔽通信且未被成功检测到。参数 β 代表了对隐蔽性的要求，当 β 比较小时说明隐蔽性要求较低。带入错误检测概率 $\mathbb{P}_{e,\max\min} > 1 - \beta$，得到自适应发送方案的信道增益门限值要求 $g_0 > \sigma_e^2 \ln\big(\beta(1 + \sigma_h^2/\sigma_e^2)\big)^{-1}$。

4.2.3.2 传输中断概率

接下来将从隐蔽信息接收方的角度分析隐蔽信息的传输中断概率以及当隐蔽通信发生时其他接收方公开信息的传输中断概率。

（1）隐蔽信息传输中断概率。隐蔽接收方的接收信号表示为

$$y_{\text{Rx,c}} = \boldsymbol{f}^{\text{T}}\boldsymbol{x} + z_{\text{Rx,c}}$$
$$= \begin{cases} f_h \boldsymbol{s}_{(1)} + z_{\text{Rx,c}}, & \|\boldsymbol{h}_{(1)}\|^2 \geqslant g_0 \\ f_h \left(\sqrt{1-\zeta}\, \boldsymbol{s}_c + \sqrt{\zeta}\, \boldsymbol{s}_{(1)}\right) + z_{\text{Rx,c}}, & \|\boldsymbol{h}_{(1)}\|^2 < g_0 \end{cases} \quad (4.10)$$

式中：$f_h = \boldsymbol{f}^{\text{T}} \boldsymbol{h}_{(1)}^* / \|\boldsymbol{h}_{(1)}\|$ 表示一个均值为 0、方差为 σ_f^2 的复高斯随机变量。

当隐蔽接收方无法解码叠加隐蔽信息的公开信号 $\boldsymbol{s}_{(1)}$ 时，$\boldsymbol{s}_{(1)}$ 会干扰隐蔽信号 $\boldsymbol{s}_c$ 的解码，此时隐蔽信号的可实现传输速率为

$$\mathcal{I}(\boldsymbol{s}; \boldsymbol{y}_{\text{Rx,c}})_0 = \log_2\left(1 + \frac{(1-\zeta)|f_h|^2 \gamma}{1 + \zeta |f_h|^2 \gamma}\right) \quad (4.11)$$

如果接收方成功解码 $\boldsymbol{s}_{(1)}$ 时，其可以从接收信号中去除，则只剩接收噪声，此时隐蔽信号的可实现传输速率为

$$\mathcal{I}(\boldsymbol{s}; \boldsymbol{y}_{\text{Rx,c}})_1 = \log_2\left(1 + (1-\zeta)|f_h|^2 \gamma\right) \quad (4.12)$$

另外，在 H_1 条件下隐蔽接收方对于公开信号 $\boldsymbol{s}_{(1)}$ 的可实现传输速率为

$$\mathcal{I}(\boldsymbol{s}_{(1)}; \boldsymbol{y}_{\text{Rx,c}}) = \log_2\left(1 + \frac{\zeta |f_h|^2 \gamma}{1 + (1-\zeta)|f_h|^2 \gamma}\right) \quad (4.13)$$

因此，隐蔽信息的传输中断概率分为成功解码 $\boldsymbol{s}_{(1)}$ 和无法解码 $\boldsymbol{s}_{(1)}$ 两类，表示为

$$\begin{aligned}\mathbb{P}_{\text{o,c}} = & \mathbb{P}\left(\mathcal{I}(\boldsymbol{s}; \boldsymbol{y}_{\text{Rx,c}})_0 < r_c, \mathcal{I}(\boldsymbol{s}_{(1)}; \boldsymbol{y}_{\text{Rx,c}}) < r_{(1)} \Big\| \|\boldsymbol{h}_{(1)}\|^2 < g_0\right) \\ & + \mathbb{P}\left(\mathcal{I}(\boldsymbol{s}; \boldsymbol{y}_{\text{Rx,c}})_1 < r_c, \mathcal{I}(\boldsymbol{s}_{(1)}; \boldsymbol{y}_{\text{Rx,c}}) \geqslant r_{(1)} \Big\| \|\boldsymbol{h}_{(1)}\|^2 < g_0\right)\end{aligned} \quad (4.14)$$

当 L 较大时，$\mathbb{P}\left(\dfrac{\zeta |f_h|^2}{1+(1-\zeta)|f_h|^2 \gamma} \geqslant \|\boldsymbol{h}_{(1)}\|^2\right) \ll \mathbb{P}\left(\dfrac{\zeta |f_h|^2}{1+(1-\zeta)|f_h|^2 \gamma} < \|\boldsymbol{h}_{(1)}\|^2\right)$，即隐蔽接收方极大概率无法解码 $\boldsymbol{s}_{(1)}$。因此，可以得出 L 较大时的传输中断概率为

$$\mathbb{P}_{o,c} \simeq \mathbb{P}\Big(\mathcal{I}\big(s; y_{Rx,c}\big)_0 < r_c\Big)$$
$$= \begin{cases} 1 - e^{-\frac{2^{r_c}-1}{(1-\zeta 2^{r_c})\sigma_f^2 \gamma}}, & r_c < \log_2(1/\zeta) \\ 1, & r_c \geq \log_2(1/\zeta) \end{cases} \quad (4.15)$$

（2）公开信息传输中断概率。公开信号 $s_{(1)}$ 以速率 $r_{(1)}$ 传输且成功解码的充分必要条件为 $\|h_{(1)}\|^2 \geq g_0$，在这种情况下，$s_{(1)}$ 不叠加隐蔽信号。因此，公开信息传输中断概率等于隐蔽信息发送的概率，表示为

$$\mathbb{P}_{o,s} = F_{\|h_{(1)}\|^2}(g_0) \quad (4.16)$$

对于 $N_{Tx} = L = 1$ 的特殊情形，实现隐蔽通信（$\mathbb{P}_{e,\max\min} > 1 - \beta$）要求公开信息传输中断概率满足

$$\mathbb{P}_{o,s} \geq 1 - \left(\beta\left(1 + \frac{\sigma_h^2}{\sigma_e^2}\right)\right) \quad (4.17)$$

4.2.3.3 隐蔽通信速率

隐蔽通信速率定义为在满足隐蔽性要求 $\mathbb{P}_{e,\max\min} > 1 - \beta$ 的条件下，隐蔽信号的可靠传输速率，其可以表示为

$$r = r_c\big(1 - \mathbb{P}_{o,c}\big)\mathbb{P}_{o,s} \quad (4.18)$$

对于 $r_c < \log_2(1/\zeta)$ 且 L 较大时，代入式（4.15）和式（4.16），得到

$$r \simeq r_c e^{-\frac{2^{r_c}-1}{(1-\zeta 2^{r_c})\sigma_f^2 \gamma}} F_{\|h_{(1)}\|^2}(g_0) \quad (4.19)$$

对于较大 SNR，$\gamma \gg 1$，可以得到 $r \simeq \log_2(1/\zeta) F_{\|h_{(1)}\|^2}(g_0)$。

4.2.4 数值仿真分析

本节将通过数值仿真评估自掩体隐蔽通信技术的主要性能，包括侦听方的错误检测概率、隐蔽接收方的传输中断概率以及隐蔽通信有效传输速率，并验证不同系统参数对自掩体隐蔽通信的影响。

图 4.3 展示了在不同发送天线数量 N_{Tx} 以及不同侦听信道增益方差 σ_e^2 的条件下，错误检测概率随公开信道数量的变化曲线，其中，$\sigma_f^2 = \sigma_{h,l}^2 = 1$，$\gamma = 10$ dB，$\zeta = 0.9$，参数 g_0 设置为使得中断概率满足 $\mathbb{P}_{o,s} = 0.01$。可以发现，在自掩体隐蔽通信中，随着公开信道数量 L 的增加，侦听方的错误检测概率迅速提高并快速收敛到 1，且发送方天线数量 N_{Rx} 越大收敛速度越快。因此，与

其他隐蔽通信技术相比，自掩体隐蔽通信的发送方可以根据天线数量和公开信道数量预测侦听方对隐蔽通信的检测能力。另外，随着侦听信道增益方差 σ_e^2 变大，侦听方的错误检测概率显著降低，表明侦听信道增益方差越高越有利于侦听方对隐蔽通信的检测。

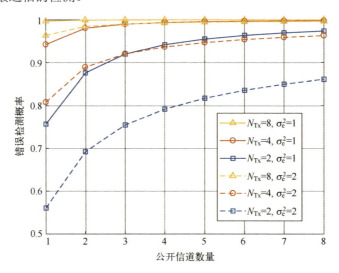

图 4.3 ▎错误检测概率随公开信道数量的变化曲线

图 4.4 展示了在不同发射速率 r_c 的条件下，自掩体隐蔽通信技术的隐蔽传输中断概率随公开信道数量的变化曲线，其中，$N_{Tx}=2$，$\sigma_f^2=\sigma_{h,l}^2=\sigma_e^2=1$，$\gamma=0\,\mathrm{dB}$，$\zeta=0.9$。可以发现，随着公开信道数量增加，隐蔽传输中断概率变大，然后收敛至一个固定值，且发射速率越高，该收敛值越大。这是因为，式（4.14）的第一项，也即主导项，代表接收方对公开信息 $s_{(1)}$ 解码失败情况下的中断概率，随着公开信道数量增大，$s_{(1)}$ 的速率变大，接收方对公开信息 $s_{(1)}$ 解码失败的概率也会相应变大，最终引起隐蔽传输中断概率增加。然而，这种增大非常有限，中断概率会迅速收敛至一个固定值。

图 4.5 展示了在不同侦听方错误检测概率约束条件下，有效隐蔽传输速率随发射速率的变化曲线。图 4.5 说明，随着错误检测概率，即隐蔽性要求的升高，有效传输速率会显著降低。另外，可以发现，在隐蔽性要求较低时，有效隐蔽传输速率随发射速率升高，但在隐蔽性要求较高时，有效传输速率随发射速率先升高后降低。这是由于，隐蔽传输中断概率会随着发射速率的增大而升高，进而影响有效传输速率。因此，对于自掩体隐蔽通信来说，需要根据隐蔽性要求合理设计最优的隐蔽信息发射速率。

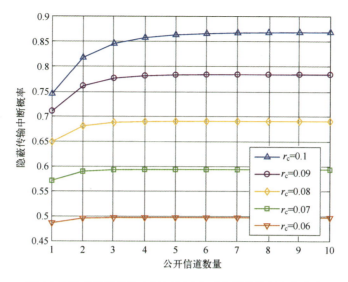

图 4.4 ▎隐蔽信息传输中断概率随公开信道数量的变化曲线

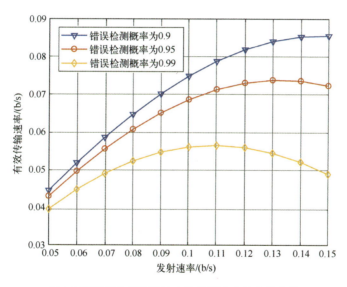

图 4.5 ▎隐蔽数据传输速率随发射速率的变化曲线

4.3 全双工干扰辅助的合作掩体隐蔽通信技术

合作掩体隐蔽通信是指通过发射人工噪声作为掩体,掩护隐蔽信息的传输,而全双工干扰辅助的合作掩体隐蔽通信技术特指利用全双工接收机发射人工噪声。本节将探讨在准静态无线衰落信道中全双工干扰辅助的合作掩体隐蔽通信技术的条件和性能。相比于其他独立的干扰器发射人工噪声[6]，基于全双工接收机的隐蔽通信技术具有两点优势：①对于人工噪声的控制度高，可以对侦听方形成更有效的干扰；②可以利用自干扰消除技术[7-8]提高隐蔽通信的速率。

本节首先介绍利用全双工接收机进行合作掩体隐蔽通信的系统模型，通过控制全双工接收机发射人工噪声故意混淆侦听方以实现隐蔽通信。然后分析侦听方采用辐射计探测器进行检测时的错误检测概率，进而确定最优检测门限。由于侦听方对从发送方到接收方的信道未知，因此本节从发送方的角度分析侦听方的错误检测概率，并分析全双工干扰辅助的合作掩体隐蔽通信技术的有效隐蔽通信速率。

4.3.1 全双工干扰辅助的合作掩体隐蔽通信系统模型

考虑一个全双工干扰辅助的合作掩体隐蔽通信系统，如图 4.6 所示，接收方工作在全双工模式，发送方想要在接收方产生的人工噪声的掩护下隐蔽地与接收方通信。同时，存在一个侦听方试图检测隐蔽通信是否发生。发送方与侦听方都只有单天线，而接收方除了一个接收天线，还有一个额外的天线发射人工噪声。发送方到接收方、发送方到侦听方、接收方到侦听方的信道系数分别表示为 h_{TR}，h_{TE} 和 h_{RE}，接收方的自干扰信道系数表示为 h_{RR}。假设信道满足独立准静态瑞利衰落，其中不同时间段之间 $|h_j|^2$ 的平均值为 λ_j。如果发送方发射隐蔽信号 s_c，接收方的接收信号表示为

$$y_{Rx} = \sqrt{P}h_{TR}s_c + \sqrt{\xi P_i}h_{RR}s_i + z_{Rx} \quad (4.20)$$

式中：s_c 为发射隐蔽信号，满足 $\mathbb{E}\left[s_c s_c^H\right] = I$；$s_i$ 为人工噪声信号，满足 $\mathbb{E}\left[s_i s_i^H\right] = I$；$z_{Rx}$ 表示接收方方差为 σ_{Rx}^2 的 AWGN；P 与 P_i 分别表示发送方隐蔽信号与接收方人工噪声的发射功率，P 固定且接收方与侦听方已知，P_i 服从区间 $\left[0, P_i^{max}\right]$ 内的均匀分布。因为接收方已知人工噪声 s_i，所以其可以通过自干扰消除技术进行消除。令 ξ 表示自干扰消除系数，$\xi = 0$ 代表理想情况，即自干扰完全消除[9]。

既然侦听方对信道信息已知，且在一个时间周期内发送方发射功率不变，因此侦听方可以通过是否从发送方接收到额外的能量来判断是否发生隐蔽通信。引入随机功率人工噪声的目的为产生侦听方接收功率的不确定性，从而达到混淆是否进行隐蔽通信的效果。

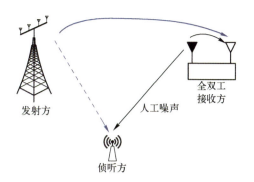

图 4.6 全双工干扰辅助的合作掩体隐蔽通信系统示意图

4.3.2 侦听方检测策略

在一个时间周期内,侦听方面临一个二元假设判决问题,假设 H_0 表示发送方没有发送隐蔽信息,而 H_1 表示发送方已发送隐蔽信息。在这种假设条件下,侦听方的接收信号表示为

$$y_{Ev} = \begin{cases} \sqrt{P_i} h_{RE} s_i + z_{Ev}, & H_0 \\ \sqrt{P} h_{TE} s_c + \sqrt{P_i} h_{RE} s_i + z_{Ev}, & H_1 \end{cases} \quad (4.21)$$

式中:z_{Ev} 表示侦听方方差为 σ_e^2 的 AWGN 向量。侦听方的目标为根据接收信号向量 y_{Ev} 判决该信号来源于假设 H_0 还是假设 H_1。应用 Neyman-Pearson 准则,似然比检测的最优决策规则为检验平均接收功率 $\bar{P} = \|y_{Ev}\|^2$ 与预设门限值 V 的大小[10]。若 $\bar{P} > V$,则判决为 H_1,反之则判决为 H_0。不考虑信道数量,平均接收功率可以表示为[11]

$$\bar{P} = \begin{cases} P_i |h_{RE}|^2 + \sigma_e^2, & H_0 \\ P |h_{TE}|^2 + P_i |h_{RE}|^2 + \sigma_e^2, & H_1 \end{cases} \quad (4.22)$$

4.3.3 全双工干扰辅助的合作掩体隐蔽通信性能分析

本节首先根据侦听方的错误检测概率分析侦听方的检测性能,并设计最小化错误检测概率的最优检测门限;然后分析接收方的传输中断概率;最后根据隐蔽通信条件分析隐蔽通信速率。

4.3.3.1 错误检测概率

侦听方的错误检测概率包括虚警概率和漏检概率。根据式(4.22),侦听方的虚警概率为在假设 H_0 的条件下平均接收功率大于检测门限的概率,表示为

$$\mathbb{P}_{\mathrm{FA}} = \mathbb{P}(H_1 \mid H_0)$$
$$= \mathbb{P}\left(P_\mathrm{i}|h_{\mathrm{RE}}|^2 + \sigma_e^2 > V\right) \tag{4.23}$$

由于 P_i 均匀分布在区间 $\left[0, P_\mathrm{i}^{\max}\right]$ 内，且 $|h_{\mathrm{RE}}|^2 > 0$。因此，H_0 假设条件下平均接收功率最大值为 σ_e^2。当 $\sigma_e^2 > V$ 时，虚警概率为 $\mathbb{P}\left(P_\mathrm{i}|h_{\mathrm{RE}}|^2 + \sigma_e^2 > V\right) = 1$。定义 H_0 假设条件下平均接收功率最大值为 $\overline{P}_{0,\max} \triangleq P_\mathrm{i}^{\max}|h_{\mathrm{RE}}|^2 + \sigma_e^2$，当 $V > \overline{P}_{0,\max}$ 时，$\mathbb{P}\left(P_\mathrm{i}|h_{\mathrm{RE}}|^2 + \sigma_e^2 > V\right) = 0$。当 $\sigma_e^2 \leqslant V \leqslant \overline{P}_{0,\max}$ 时，虚警概率表示为

$$\mathbb{P}_{\mathrm{FA}} = 1 - \frac{V - \sigma_e^2}{P_\mathrm{i}^{\max}|h_{\mathrm{RE}}|^2} \tag{4.24}$$

侦听方的漏检概率为在假设 H_1 的条件下平均接收功率小于检测门限的概率，表示为

$$\mathbb{P}_{\mathrm{MD}} = \mathbb{P}(H_0 \mid H_1)$$
$$= \mathbb{P}\left(P|h_{\mathrm{TE}}|^2 + P_\mathrm{i}|h_{\mathrm{RE}}|^2 + \sigma_e^2 < V\right) \tag{4.25}$$

H_1 假设条件下平均接收功率最大值定义为 $\overline{P}_{1,\max} \triangleq P|h_{\mathrm{TE}}|^2 + P_\mathrm{i}^{\max}|h_{\mathrm{RE}}|^2 + \sigma_e^2$，最小值定义为 $\overline{P}_{1,\min} \triangleq P|h_{\mathrm{TE}}|^2 + \sigma_e^2$。因此，当 $V < \overline{P}_{1,\min}$ 时，漏检概率为 $\mathbb{P}\left(P|h_{\mathrm{TE}}|^2 + P_\mathrm{i}|h_{\mathrm{RE}}|^2 + \sigma_e^2 < V\right) = 0$；当 $V > \overline{P}_{1,\max}$ 时，$\mathbb{P}\left(P|h_{\mathrm{TE}}|^2 + P_\mathrm{i}|h_{\mathrm{RE}}|^2 + \sigma_e^2 < V\right) = 1$；当 $\overline{P}_{1,\min} < V < \overline{P}_{1,\max}$ 时，漏检概率表示为

$$\mathbb{P}_{\mathrm{MD}} = \frac{V - \overline{P}_{1,\min}}{P_\mathrm{i}^{\max}|h_{\mathrm{RE}}|^2} \tag{4.26}$$

接下来讨论对侦听方而言最优的检测门限设置以最小化错误检测概率。由于 $\overline{P}_{1,\max} > \max\left(\overline{P}_{1,\min}, \overline{P}_{0,\max}\right)$，因此仅考虑 $\overline{P}_{0,\max} < \overline{P}_{1,\min}$ 和 $\overline{P}_{0,\max} \geqslant \overline{P}_{1,\min}$ 这两种情况。当 $\overline{P}_{0,\max} < \overline{P}_{1,\min}$，即 $P_\mathrm{i}^{\max} < P$ 时，设置检测门限 V，$\overline{P}_{0,\max} < V < \overline{P}_{1,\min}$，侦听方的虚警概率和漏检概率皆为 0；当 $\overline{P}_{0,\max} \geqslant \overline{P}_{1,\min}$，即 $P_\mathrm{i}^{\max} > P$ 时，设置检测门限 V，$\overline{P}_{1,\min} < V < \overline{P}_{0,\max}$，错误检测概率最小，最小错误检测概率表示为

$$\mathbb{P}_{\mathrm{e}} = 1 - \frac{P|h_{\mathrm{TE}}|^2}{P_\mathrm{i}^{\max}|h_{\mathrm{RE}}|^2} \tag{4.27}$$

因此，无论何种情况，最优的检测门限都为 $\overline{P}_{0,\max}$ 和 $\overline{P}_{1,\min}$ 的中间值。尽管

噪声功率 σ_e^2 会影响最优检测门限的数值，但它不会影响对应的最小错误检测概率。另外，接收方人工噪声的功率设置会直接影响最小错误检测概率，当 $P_i^{\max} \to \infty$ 时，$\mathbb{P}_e \to 1$。

既然发送方与接收方无法知道 h_{TE} 或者 h_{RE} 的实时信道实现，本小节考虑错误检测概率的统计平均值作为隐蔽性的度量。在最优检测门限条件下，侦听方的平均错误检测概率为[11]

$$\overline{\mathbb{P}}_e(x) = -x^2 + x\ln x + 1 \tag{4.28}$$

式中：$x \triangleq P|h_{TE}|^2 / \left(P|h_{TE}|^2 + P_i^{\max}|h_{RE}|^2\right)$。由式（4.28）可知，平均错误检测概率 $\overline{\mathbb{P}}_e$ 随着最大人工噪声功率 $P_i^{\max}$ 单调递增。

4.3.3.2 传输中断概率

根据式（4.20）中的接收信号向量，接收方的 SINR 表示为

$$\gamma_{Rx} = \frac{P|h_{TR}|^2}{\xi P_i |h_{RR}|^2 + \sigma_{Rx}^2} \tag{4.29}$$

假设给定发送方到接收方的传输速率 r，由于 h_{TR}、h_{RR} 和 P_i 的随机性，当信道容量 $R < r$ 时，传输会中断。因此，发送方到接收方的传输中断概率为

$$\begin{aligned}
\mathbb{P}_o &= \mathbb{P}\left(\log_2\left(1 + \frac{P|h_{TR}|^2}{\xi P_i|h_{RR}|^2 + \sigma_{Rx}^2}\right) < r\right) \\
&= \int_0^{P_i^{\max}} \int_0^{+\infty} \int_0^{(2^r-1)\left(\xi P_i|h_{RR}|^2 + \sigma_{Rx}^2\right)/P} f_{P_i}(x) f_{|h_{RR}|^2}(y) f_{|h_{TR}|^2}(z) \, dxdydz
\end{aligned} \tag{4.30}$$

研究表明，传输中断概率 $\mathbb{P}_o$ 也随着人工噪声最大功率 $P_i^{\max}$ 单调递增[11]。

4.3.3.3 隐蔽通信速率

给定发送方到接收方的传输速率 r，定义有效隐蔽通信速率为 $r_c = r(1 - \mathbb{P}_o)$。因此，有效隐蔽通信速率随着人工噪声最大功率 $P_i^{\max}$ 单调递减。对于任意给定的发送方发射功率 P 以及隐蔽性要求 $\overline{\mathbb{P}}_e \geq 1 - \beta$，最大化有效隐蔽通信速率的最优人工噪声最大功率为满足隐蔽性要求 $\overline{\mathbb{P}}_e \geq 1 - \beta$ 的最小值。另外，随着发送方发射功率的增加，最大隐蔽通信速率增大并趋于一个固定值。这是因为尽管发送方增大发射功率可以增加最大隐蔽通信速率，但同时也会增加侦听方的检测概率。因此，为保证隐蔽性，接收方需同时增大人工噪声功率。随着自干扰功率的增加，发送方增大发射功率的收益会降低，最终最大隐蔽通信速率收敛。

4.3.4 数值仿真分析

本节通过数值仿真评估全双工干扰辅助的合作掩体隐蔽通信技术的性能。简单起见,令仿真中所有信道增益皆为 1。如前面所述,侦听方的噪声功率对错误检测概率没有影响,也不会影响隐蔽通信性能。本节首先评估侦听方的错误检测概率和接收方的传输终端概率,然后验证不同系统参数对可实现隐蔽通信速率的影响。

图 4.7 展示了在不同发射功率条件下侦听方的错误检测概率随人工噪声最大功率 P_i^max 的变化曲线。图 4.7 显示错误检测概率随最大人工噪声功率单调递增,表明人工噪声可以有效阻碍侦听方对隐蔽通信的检测。同时,当 P_i^max 足够大时,错误检测概率趋于 1,此时全双工干扰辅助的合作掩体隐蔽通信无法被侦听方发现。另外,随着发送方发射功率 P 增大,错误检测概率变小,即隐蔽通信被检测的概率增加。

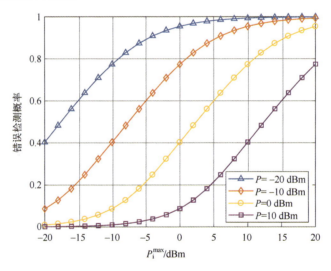

图 4.7 错误检测概率随人工噪声最大功率的变化曲线

图 4.8 展示了在不同的接收方噪声功率 σ_Rx^2 和传输速率 r 的条件下传输中断概率随人工噪声最大功率的变化曲线。图中显示传输中断概率都随人工噪声最大功率单调递增,因为人工噪声的自干扰会一定程度影响发送方到接收方通信的可靠性。同时,图 4.8 也表明传输中断概率会随着接收方噪声功率 σ_Rx^2 和传输速率 r 的增加而上升,一方面背景噪声和人工噪声一样会影响通信可靠性,另一方面,全双工干扰辅助的合作掩体隐蔽通信在有效性和可靠性之间需要进行折中考虑。

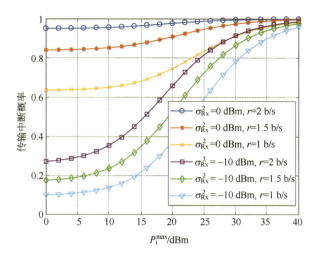

图 4.8 ▎隐蔽通信中断概率随人工噪声最大功率的变化曲线

图 4.9 展示了在不同隐蔽性约束条件下可实现隐蔽通信有效数据速率随发射功率 P 的变化曲线。该图表明可实现隐蔽通信有效数据速率随发射功率 P 单调递增,因为 P 增大可以提升接收方的 SNR,当发射功率足够大时,可实现隐蔽通信有效数据速率趋于一个最大值。另外,随着 β 的增大,隐蔽性约束放松,换来了可实现有效数据速率的提升。

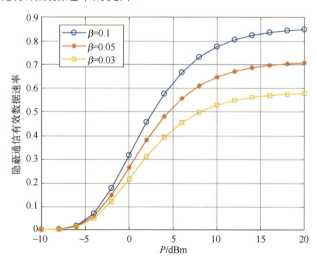

图 4.9 ▎隐蔽通信有效数据速率随发射功率的变化曲线

4.4 环境掩体隐蔽通信技术

在环境掩体隐蔽通信中,用户需要首先感知环境中的掩体信号,对掩体信号的关键参数进行估计;然后根据环境掩体感知的结果,对隐蔽信号进行拟态发送;最后考虑接收时存在掩体干扰,需要设计抗掩体干扰的可靠接收技术。

4.4.1 环境掩体感知

为了增强数据传输的隐蔽性,需要令发送方的发射信号尽量融入周边电磁环境。为此,发送方在发射信号前需要先发现环境中可能作为掩体的环境电磁波分量,也即"频谱突出物",并对其中心频率、带宽和功率等关键参数进行估计。以高隐蔽卫星通信系统上行链路为例,其工作频段拟选在 1~3 GHz,其中可能出现的电磁信号数量和种类繁多,且功率差异巨大,涉及复杂、时变、非均一背景下的多个突出物联合检测。为此,采用鲁棒噪声估计和多门限复合检测方法的变换域频谱突出物检测技术。首先通过扫频法得到频谱全景图,然后基于连续均值删除方法对噪声基底进行迭代估计,增强估计结果在复杂背景下的鲁棒性。此外,拟采用多门限方法确定各环境电磁波分量的频点与带宽,完成频域上邻近多个突出分量的分离,减少信号漏检、误检的概率,优化掩体信号频点、带宽和功率等参数的估计性能。

4.4.1.1 基于反馈衰减的分段频谱扫描

以高隐蔽卫星通信系统上行链路为例,其需要进行频谱感知的环境电磁波信号带宽高达 2 GHz,为此,采用分段扫描式频谱感知方案,即先逐段得到小范围的频谱切片,再拼接成 2 GHz 频带内的频谱全景图。

分段扫描拟采用变换域技术手段,即先将输入信号通过快速傅里叶变换(Fast Fourier Transform,FFT)转换到频域,然后通过门限化的思路来检测掩体信号。由于环境信号的性质完全未知,在分段扫描的过程中,为了防止扫描带宽内出现大功率信号对器件造成损害,拟采用基于反馈衰减的分段频谱扫描方式,在每个频点上需要完成两次 FFT,在首次 FFT 的时间里,射频放大器关闭,以避免大功率信号对器件造成损害。完成第一次 FFT 后,对此时带内信号的总功率作出评估,反馈给前端射频放大器,令其调整到适合模数转换器(Analog-to-Digital Converter,ADC)工作的放大增益,在同一个频点上进行第二次 FFT,由频谱检测结果反馈控制射频接收增益,如图 4.10 所示。

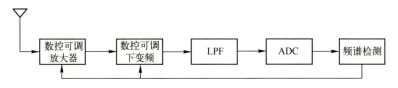

图 4.10 | 反馈控制射频接收增益

4.4.1.2 基于连续均值剔除的噪底估计

对于功率谱 $A[j]$，其中包括两部分能量：均匀分布在全频带的噪声基底和处于噪底之上的若干潜在掩体信号。采用门限检测的信号思路，若预设门限为 V_a，则认为下面的频点集合 $\mathcal{F}_w$ 存在潜在掩体信号：

$$\{A[j] \geqslant V_a \mid j \in \mathcal{F}_w, j = 0, 1, \cdots, J-1\} \tag{4.31}$$

式中：J 为总检测频点数。上述感知方法的一个难点是如何设置检测门限 V_a。通常的做法是令

$$V_a = \mu \tilde{\eta} \tag{4.32}$$

式中：$\tilde{\eta}$ 是频带内噪声基底的估计；μ 是门限系数。通常令 $\tilde{\eta}$ 等于感兴趣频带内所有谱线幅值的一阶矩。但当所选用频带是十分拥挤、繁忙的 L/S 频段，存在于频带内的各种通信体制信号势必会令这种方法所估计噪声基底偏高，从而不能正常检测信号或者不能准确地给出信号的带宽。一种改进方法是采用"分位数"的方法来代替算数平均，但这类方法由于涉及排序运算，再加上总检测频点数量庞大，势必会增加计算复杂度和处理延迟。

为此，引入一种低复杂度的迭代鲁棒噪声估计方法，即"连续均值剔除（Consecutive Mean Excision, CME）"算法，其具体工作流程：在第一步迭代过程中，令 $\tilde{\eta}^{(1)}$ 等于感兴趣频点集合 $\mathcal{F}_a$ 内所有谱线幅值的一阶矩，以此计算出测试门限 $V_a^{(1)} = \mu \tilde{\eta}^{(1)}$，对 $\mathcal{F}_a$ 内谱线进行检测，并将所有谱线幅度超过门限的频点集合标记为 $\mathcal{F}_w^{(1)}$；在第二次迭代中，令 $\tilde{\eta}^{(2)}$ 等于剩余谱线集合 $\mathcal{F}_a - \mathcal{F}_w^{(1)}$ 内所有谱线幅值的一阶矩，以此计算出检测门限 $V_a^{(2)} = \mu \tilde{\eta}^{(2)}$，对 $\mathcal{F}_a - \mathcal{F}_w^{(1)}$ 内所有谱线进行检测，并将所有谱线幅度超过门限的频点集合归并入 $\mathcal{F}_w^{(1)}$，从而得到 $\mathcal{F}_w^{(2)}$；如此继续迭代，直到 $\mathcal{F}_w^{(i)} = \mathcal{F}_w^{(i+1)}$，或者迭代次数超过预设的最大次数限制。由于这种方法在本质上是基于一阶矩的，因此其运算复杂度较低；而且当门限系数设置正确时，通常迭代可以在 4 次之内收敛。

4.4.1.3 双门限复合检测

在门限检测中，单一的门限通常不能够准确地确定感知对象的频点位置和带宽。为了能够比较准确地确定潜在掩体信号的信号带宽，就要求门限尽可能低；然而，过低的门限容易造成虚警，从而增加发射信号被侦测到的概率。为

此，这里引入一种双门限的处理方法。通过两个独立并行的 CME 机制分别得出一高一低两个检测门限。首先用低门限对感兴趣的频点集合进行检测，当有多个相邻频点都超过门限，则被标记成一个"簇（cluster）"。低门限检测完毕后，依此将各簇中谱线的最大值与高门限相比较，如果超过高门限，则将这个簇标记为潜在掩体信号，从而检测出感知对象的位置和带宽。

4.4.2 隐蔽信号拟态融合技术

本节介绍隐蔽信号拟态融合技术。为了尽可能匹配环境掩体感知结果，本节拟采用非规则载波深度扩频（Non-Uniform Carrier Aggregation Deep Spread Spectrum, NUCA-DSS）作为传输波形。在介绍 NUCA-DSS 之前，本节首先介绍单载波直接序列扩频（Direct Sequence Spread Spectrum, DSSS）和多载波直接序列扩频（Multi-Carrier Direct Sequence Spread Spectrum, MC-DSSS）。

在相同扩频比和扩频带宽下，DSSS 和 MC-DSSS 信号如图 4.11 所示。

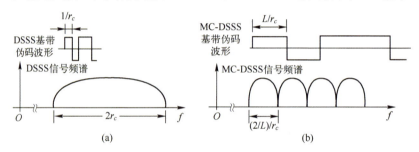

图 4.11 DSSS 和 MC-DSSS 信号示意图

MC-DSSS 信号将 DSSS 信号分别调制在多个子载波上，每个子载波上携带的码元符号相同。由图可见，MC-DSSS 信号将 DSSS 信号调制在多个频点上后，其扩频比和功率谱密度等效于 DSSS 信号，但码片速率却比后者降低很多，进而大大降低了对模数/数模转换器采样率和 FPGA 处理时钟速率的要求，具有较低的实现复杂度。

相应地，一般情况下的 NUCA-DSS 信号频谱如图 4.12 所示。

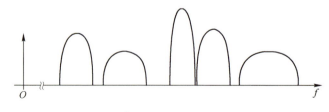

图 4.12 NUCA-DSS 频谱示意图

由图 4.11 和图 4.12 对比可知，NUCA-DSS 信号和 MC-DSSS 信号都将相同的码元信息分配到多个子载波上，在与 DSSS 信号具有等效的扩频比和功率谱密度的同时，码片速率大大降低，进而降低了对模数/数模转换器采样率和 FPGA 处理时钟的速率要求。另外，NUCA-DSS 信号与 MC-DSSS 信号相比，其子带数量、子载波中心频点、扩频比、带宽和功率在一定范围内灵活可设，这有利于根据频谱感知结果，寻找合适的环境电磁波信号作为"掩体"，并令子载波信号与掩体信号发生频谱重叠，对邻近侦测接收机起到误导和迷惑的作用，进而实现隐蔽、可靠的信息传输。

因此，隐蔽信号拟态融合的基本思想是：终端节点在发送前先要对周边电磁环境进行全景扫描，确定功率较强的环境电磁波信号频点及带宽，然后自主调整 NUCA-DSS 的子载波数量、中心频率、各子带分量扩频比和带宽，令 NUCA-DSS 信号的各个子带与环境电磁波信号全部或部分重叠。以 1～3 GHz 的 L/S 频段范围内进行实时频谱感知为例，通过选择不同的 NUCA-DSS 信号发送参数（子载波总数、各子载波中心频率、扩频比、带宽和发射功率等），图 4.13 给出了上行 NUCA-DSS 信号与环境电磁波信号之间的几种主要的频谱重叠方案。

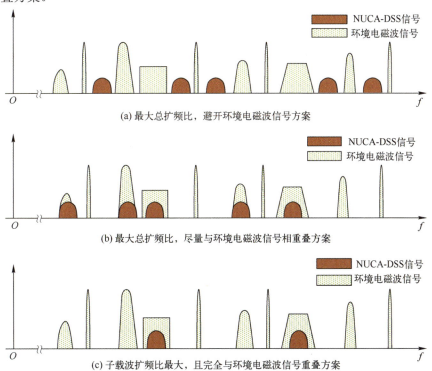

(a) 最大总扩频比，避开环境电磁波信号方案

(b) 最大总扩频比，尽量与环境电磁波信号相重叠方案

(c) 子载波扩频比最大，且完全与环境电磁波信号重叠方案

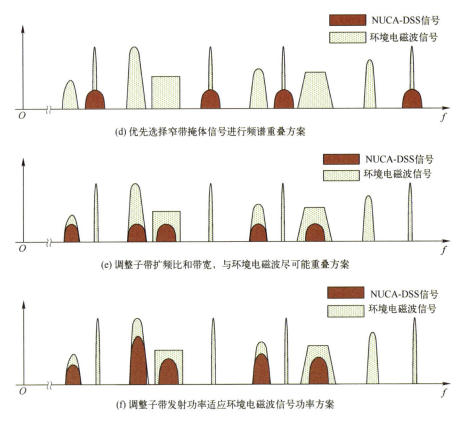

图 4.13 上行 NUCA-DSS 信号与环境电磁波信号之间的主要频谱重叠方案

一般而言,当 NUCA-DSS 信号与掩体信号重叠量较多时,信号被侦测到的概率降低,隐蔽性增强。但是接收机可能会遭受较多干扰,导致性能下降;当 NUCA-DSS 信号与掩体信号重叠较少时,接收机性能损失较少,但是频谱重叠对上行信号隐蔽性的增益会打折扣。由此可见,自适应电磁环境感知与融入对链路隐蔽性和传输性能的影响是一对矛盾。在制定自适应电磁环境感知与融入策略时,需要通过调整子带数量、子载波频率、扩频比、子带功率等参数,对信号隐蔽性和接收机性能进行折中,进而使 NUCA-DSS 信号能够隐蔽、可靠传输。4.4.4 节将介绍信号隐蔽性能和接收性能的分析方法。

4.4.3 隐蔽信号可靠接收技术

这里将介绍基于自适应干扰抑制和最优子带分集合并的 NUCA-DSS 信号接收技术。如果 NUCA-DSS 信号不考虑融入周边电磁环境,即各个子载波主动避开环境电磁波信号,则接收机完全不受地面环境电磁波的干扰,决定上行链路传输质量的主要因素是接收机自身的热噪声。此种情况下，在接收方应采用如图4.14所示的接收机结构[12]。

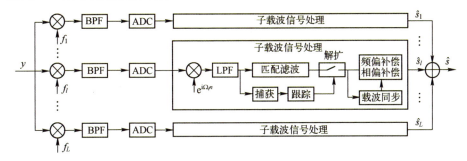

图4.14 不使用环境电磁波作为"掩体"的 NUCA-DSS 信号接收机结构

如图4.14所示，接收信号经过模拟下变频至中频，经过带通滤波器滤波后，经过 ADC 将模拟信号转换成数字信号，在每个子带做子载波信号处理。特别需要指出的是，子载波信号处理的捕获、跟踪和载波同步，是各个子载波联合进行的。由于各个子带信噪比相同，因此将各子载波解扩后的信号进行直接合并。将合并后的信号进行采样判决，进而得到码元信号。

在发送的扩频信号主动躲避掩体信号的情况下，上述接收机能够正常工作，然而很多情况下，发送的扩频信号的频谱是与环境电磁波信号的频谱是重叠的，在这种情况下，决定上行链路传输质量的因素不仅包括接收机自身的热噪声，还包括来自于"掩体"信号的干扰。因此，亟须研究频谱混叠情况下的接收技术。

掩体信号大体可以分成两类。第一类是单音、窄带掩体信号，第二类是宽带掩体信号。对于接收单音、窄带掩体信号中的有用信号的情况，这里采用干扰删除的方法，进行时域干扰抑制；而对于宽带掩体信号，由于无法采用合适的抗干扰技术对宽带掩体信号进行干扰抑制，这里采用频率分集技术，在不同的子带设置不同的权重，实现信号的有效接收。

当 NUCA-DSS 信号与环境电磁波存在频谱重叠时，星载接收机有可能受到环境电磁波信号的干扰。为了克服这一不利影响，采用图4.15所示的接收机结构。与图4.14相比，图4.15增加了自适应干扰抑制模块和最优子带分集合并模块。需要说明的是，图 4.14 可以视为图 4.15 的特殊形式。如果 NUCA-DSS 信号的各个子带与环境电磁波不存在频谱重叠，则图4.15中的自适应干扰抑制模块将收敛为全通滤波器，最优子带分集模块中各个子带的权值也将全部收敛为1。

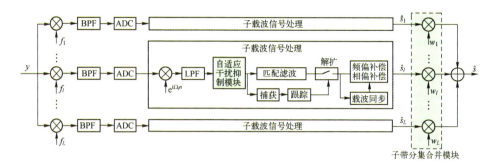

图 4.15 ▎信号与环境电磁波重叠情况下 NUCA-DSS 信号的接收机结构框图

4.4.3.1 基于间隔型自适应滤波的窄带干扰抑制技术

本小节将采用基于间隔型自适应滤波的窄带干扰抑制技术对单音、窄带干扰进行干扰抑制。窄带干扰抑制技术主要包括频域陷波技术和时域滤波技术，考虑到在星载的应用背景下，星上的资源严重受限，这里采用时域自适应滤波技术实现低复杂度、高性能的窄带干扰抑制。

本小节采用基于最小均方（Least Mean Square，LMS）的间隔型双边抽头线性横向自适应滤波算法，自适应调节滤波器抽头系数完成干扰抑制[12]。基于 LMS 的间隔型双边抽头线性横向自适应滤波器如图 4.16 所示。该方法有别于传统的 LMS 自适应滤波，其滤波器结构采用间隔型双边抽头的形式，在不增加滤波器阶数的条件下，利用干扰信号前后的相关性，有效提升系统干扰抑制性能。这种自适应技术抑制干扰速度快于传统的时域预测技术，且算法具有高效和低复杂度特点，资源消耗较低。

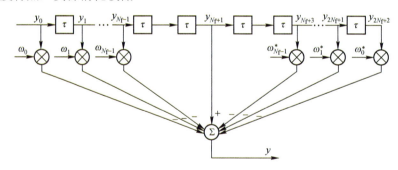

图 4.16 ▎间隔型双边抽头线性横向自适应滤波

LMS 算法作为一种简单的自适应算法，利用瞬时误差信号平方的梯度作为均方误差函数梯度的估计，改进最速下降法，减小复杂度，提高实用性。最速下降法采用一种递归的方式来逼近维纳解，而 LMS 算法是对最速下降法进一步改进，可以证明，LMS 算法与最速下降法所得到的权向量是相同的。

最速下降法根据确定性轨迹沿着误差性能曲面计算权向量，最后终止于维纳解；而 LMS 算法中，由于每一步迭代过程中梯度是带噪的，因此其权值运动轨迹的收敛终点是以维纳解为均值，以一定的稳态误差在维纳解附近随机抖动。

基于 LMS 的自适应滤波方法应用于直接序列扩频系统中进行干扰抑制，非常重要的应用条件就是直接序列扩频信号的频谱平坦，其样值之间具有低相关性，不能从过去的样值预测当前的样值；而对于窄带干扰信号，其样值之间具有较强的相关性，可以利用过去的样值估计当前的样值。而在过采样条件下，直扩信号的每个码片会有多个采样点，这些采样点之间具有相关性，利用过采样条件下的采样点进行预测，预测出的干扰信号中会包含大量的直扩信号，利用此种方法进行干扰抑制，会对信号造成损伤。此种损伤在低载噪比情况下不明显，因为此时直扩信号能量小于噪声，每一个采样点中的噪声能量最多，而噪声的相关性很差，所以进行干扰预测的效果很好。但是在高载噪比的情况下，信号能量超过了噪声能量，每个采样点的相关性凸显，此时进行自适应滤波，预测出的信号中就会包含大量直扩信号。为了改善此种现象，滤波器采用间隔型双边抽头的线性横向滤波器，滤波器中心抽头两侧延迟为 2 个采样点。

上述间隔型滤波器与常规滤波器的区别之处在于增加了滤波器中心抽头两侧的延时，这是为了减弱进入自适应滤波模块的信号采样点之间的相关性，从而使得滤波器收敛的权值更加完美地抑制干扰。

自适应滤波在硬件实现中的主要设计参数包括以下 3 个：滤波器阶数 N_f，滤波器抽头系数量化位宽，权系数更新步长 u。滤波器阶数 N_f 对于任何一个滤波器都是最重要的一个参数，其大小决定了滤波器的性能好坏。滤波器阶数 N_f 越高，滤波器的通带平坦性越好，滤波器的阻带抑制度越高，滤波器的过渡带可以更窄。但是滤波器阶数的提高带来的是硬件资源的急剧增加，因此在进行滤波器阶数的选择时要合理权衡硬件资源和滤波器性能的矛盾。由于 LMS 算法是沿着梯度降低的方向往维纳解进行收敛的，而维纳解显然是共轭对称的。因此，针对 LMS 算法进行改进，只对前一半滤波器权值进行自适应更新，后一半权值依据共轭对称性进行直接运算。经过仿真分析，采用此种更新方法，滤波器仍然可以收敛至维纳解。采用此种操作，可以降低硬件资源消耗，提升收敛速度。抽头系数量化位宽是影响滤波器硬件实现性能很重要的一个因素。定性来看，滤波器抽头系数量化位宽越大，性能越接近于浮点型的滤波器。但是在硬件实现中，滤波器抽头系数量化位宽的选择直接影响着滤波器所消耗的资源。权系数更新步长是自适应滤波中一个非常重要的参数，对于自适应滤波的收敛速度快慢起着决定性作用。在硬件实现中，通常步长取值为 $1/2^{N_f}$，这样便于使用移位运算代替乘法。

4.4.3.2 最优分集合并技术

本小节拟考虑两种分集合并技术：等增益合并和基于训练序列的最小均方误差（Minimum Mean Squared Error，MMSE）最优子带合并[13]。

（1）等增益合并。等增益合并是将各个子带的信号按照相同的增益进行合并，即图4.16所示的各权值相等。等增益合并由于没有根据各子带的信噪比进行加权，因此其合并输出的信噪比并非最佳。之所以考虑等增益合并，是因为等增益方式最为简单，不需要各个子带信号的信道状况等先验信息，具有较强的鲁棒性。

（2）基于训练序列的MMSE最优子带合并。由于等增益合并没有根据各子带的信道状况进行加权合并，这里给出一种根据各子带的信噪比进行加权的合并方式，即基于训练序列的MMSE最优子带合并方式。该合并方式是调整各个接收子带的权值，使信号估计均方误差最小。上述算法可以方便的与高隐蔽卫星通信系统上行短帧突发传输体制相结合。具体而言，对于短帧突发信号，其典型的帧结构如图4.17所示。

图4.17 典型的帧结构示意图

短帧突发信号的典型帧结构包括三部分：码捕获导频头、帧同步字段和业务数据字段。对于BPSK信号，码捕获导频头发送全"1"信号，用来信号的捕获。帧同步字段一般交替发送"0"和"1"信号，用来帧同步，其长度为N_0。业务数据字段用来传输数据，长度为N。将基于帧同步字段和业务数据字段的统计特性，调整分集合并过程中各子带的权重，从而使其均方误差最小。

接收方经过频偏相偏补偿后的各子载波信号向量为$\hat{\boldsymbol{s}}_n=\left[\hat{s}_{1,n},\hat{s}_{2,n},\cdots,\hat{s}_{L,n}\right]^{\mathrm{H}}$，各子载波向量对应的权重为$\boldsymbol{w}=\left[w_1,w_2,\cdots,w_L\right]^{\mathrm{H}}$，则经过分集合并后的信号可以表示为

$$\hat{s}_n = \sum_{l=1}^{L} w_l \hat{s}_{l,n} = \boldsymbol{w}^{\mathrm{H}} \hat{\boldsymbol{s}}_n \tag{4.33}$$

则信号估计的均方误差可以表示为

$$\begin{aligned} E\left\|\hat{s}_n - s_n\right\|_2^2 &= \left(\boldsymbol{w}^{\mathrm{H}}\hat{\boldsymbol{s}}_n - s_n\right)\left(\hat{\boldsymbol{s}}_n^{\mathrm{H}}\boldsymbol{w} - s_n^*\right) \\ &= \boldsymbol{w}^{\mathrm{H}} \boldsymbol{R}_{\hat{s}} \boldsymbol{w} - E\left[\boldsymbol{w}^{\mathrm{H}}\hat{\boldsymbol{s}}_n s_n^*\right] - E\left[s_n \hat{\boldsymbol{s}}_n^{\mathrm{H}} \boldsymbol{w}\right] + E\left[s_n s_n^*\right] \\ &= \boldsymbol{w}^{\mathrm{H}} \boldsymbol{R}_{\hat{s}} \boldsymbol{w} - \boldsymbol{w}^{\mathrm{H}} \boldsymbol{g} - \boldsymbol{g}^{\mathrm{H}} \boldsymbol{w} + 1 \end{aligned} \tag{4.34}$$

式中：$\boldsymbol{R}_{\hat{s}} = E\left(\hat{\boldsymbol{s}}_n \hat{\boldsymbol{s}}_n^H\right)$；$\boldsymbol{g} = E\left(\hat{\boldsymbol{s}}_n s_n^*\right)$。为了使信号估计的均方误差最小，对式（4.34）求导可得

$$\boldsymbol{w} = \boldsymbol{R}_{\hat{s}}^{-1} \boldsymbol{g} \tag{4.35}$$

式（4.35）即为各子载波支路的加权值，该加权值可使信号的均方误差最小。但是由于 $\boldsymbol{R}_{\hat{s}}$ 和 $\boldsymbol{g}$ 无法得到其真实值，我们用统计平均代替其算术平均，来得到其估计值 $\hat{\boldsymbol{R}}_{\hat{s}}$ 和 $\hat{\boldsymbol{g}}$。对于 $\hat{\boldsymbol{R}}_{\hat{s}}$，采用帧同步字段和业务数据字段的所有数据进行计算，即

$$\hat{\boldsymbol{R}}_{\hat{s}} = \frac{1}{N_{\text{syn}} + N_{\text{data}}} \left(\sum_{n=1}^{N_0} \hat{\boldsymbol{s}}_n \hat{\boldsymbol{s}}_n^H + \sum_{n=1}^{N} \hat{\boldsymbol{s}}_n \hat{\boldsymbol{s}}_n^H \right) \tag{4.36}$$

对于 $\hat{\boldsymbol{g}}$，由于需要数据本身信息，而在信息分集合并的过程中数据信息是未知的。由于帧同步字段为全"1"信号，因此仅采用帧同步字段进行估计 $\hat{\boldsymbol{g}}$，即

$$\hat{\boldsymbol{g}} = \frac{1}{N_{\text{syn}}} \sum_{n=1}^{N_0} \hat{\boldsymbol{s}}_n s_n^* \tag{4.37}$$

因此，在实际数据传输中，各子载波支路的加权值为

$$\boldsymbol{w} = \hat{\boldsymbol{R}}_{\hat{s}}^{-1} \hat{\boldsymbol{g}} \tag{4.38}$$

该种条件下，可以保证信号分集合并后与解扩输出的真实信号部分之间均方误差最小，具备统计最优的分集合并效果。

4.4.4　环境掩体隐蔽通信性能分析

在环境掩体隐蔽通信中，NUCA-DSS 子载波总数量、各子载波中心频点、扩频比、扩频带宽和发射功率等参数对信号传输隐蔽性和接收机性能都会产生影响。本节将分别分析 NUCA-DSS 参数选择策略对信号传输隐蔽性和接收性能的影响。

4.4.4.1　信号传输隐蔽性分析

本小节给出侦测方基于微波辐射计的宽带信号检测方法。事实上，即使不使用频谱重叠，NUCA-DSS 完全凭借大扩频带宽和极低发射功率谱密度获得很好的隐蔽性。如果侦听方事先不掌握关于扩频码、载波频率和信号带宽的先验信息，则其可采取的主要侦测方式是微波辐射计。

在没有待检测信号出现时，微波辐射计检测信号主要来自于自然热辐射以及系统硬件所产生的热噪声，它的概率密度函数服从均值为 0 的高斯分布。当有信号落入微波辐射计的当前调谐频带时，中频检波器入口信号的概率密度函

数就会出现变化。中频检波器通常使用基于峰度的信号检测算法，其核心内容是观察随机变量的四阶中心矩与二阶中心矩平方的比值以判断是否存在信号。

考虑最严苛的条件，即：如果 NUCA-DSS 信号包含 L 个子带，则其中任何一个子带被检测到，就认为整个 NUCA-DSS 链路被敌方发现。可以反推出该条件下当被检测概率在给定值条件下，所允许的扩频信号信噪比的上限，为 NUCA-DSS 信号隐蔽性传输的分析提供支撑。

4.4.4.2 接收性能分析

采用自适应电磁环境感知与融入后，环境掩体也将落入接收机工作频带内，根据子带信号与环境掩体的关系，下面给出 4 种典型场景下接收性能分析方法。

（1）子带信号与环境电磁波信号不重叠。在该场景下，接收方接收到的信号包括有用的扩频信号和噪声。接收方的扩频信号接收可以建模为高斯白噪声条件下的直接序列扩频的接收，进而分析其接收方的误码率、码捕获概率、帧同步概率和相位误差等性能。

（2）子带信号与单音、窄带掩体信号重叠。在该场景下，接收方接收到的信号包括有用的扩频信号、单音窄带掩体干扰信号和噪声。在该场景下，单音、窄带掩体信号可以通过干扰删除技术进行干扰抑制，进而分析该场景下接收方的误码率、码捕获概率、帧同步概率和相位误差等性能。

（3）子带信号与掩体信号重叠，且带宽相差不大。在该场景下，接收方接收到的信号包括有用的扩频信号、带宽与有用扩频信号差不多的掩体信号以及噪声。在该场景下，掩体信号和扩频信号可以被共同建模为一个两用户直接序列扩频码分多址（Direct Sequence Spread Spectrum Code Division Multiple Access，DSSS-CDMA）系统，因此可以将 DSSS-CDMA 多用户场景下的误码率、码捕获概率、帧同步概率和相位误差相关结论推广到多载波场景下，以便对 NUCA-DSS 系统受到掩体信号干扰时的性能进行分析。

（4）带信号与掩体信号重叠，且掩体信号带宽大于子带信号带宽。在该场景下，接收方接收到的信号包括有用的扩频信号、宽带掩体信号和噪声。由于掩体信号带宽远远大于扩频信号，可将掩体信号建模为噪声进行分析，进而分析该场景下的接收方的误码率、码捕获概率、帧同步概率和相位误差等性能。

4.5 电磁掩体辅助的空天隐蔽通信应用

本节介绍电磁掩体辅助的空天隐蔽通信应用。具体而言，如图 4.18 所示，考虑卫星通信上行链路，地面上的用户感知环境中存在的掩体信号，在掩体占用的频谱发送信号给卫星。

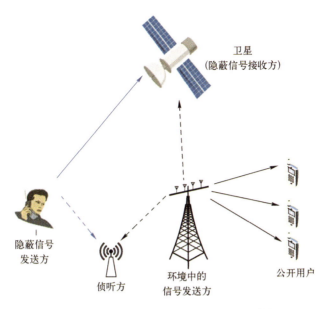

图 4.18 电磁掩体辅助的空天隐蔽通信系统

事实上，隐蔽通信系统设计过程中的一个重要考量是具体场景，独特的使用场景决定了独特的设计约束。对于隐蔽卫星通信上行链路而言，基于 NUCA-DSS 的电磁掩体辅助的隐蔽通信方法具有很多优势，具体包括以下几个方面：

首先，终端发射机和第三方侦察设备均位于地面或海面，而卫星接收机则位于数百至数千千米的高空，星地之间的遥远距离决定了终端不能以过低的功率发射信号。况且侦察设备距离终端较近，卫星反倒距离较远，无论终端如何降低发射功率，侦察设备都可能比星载接收机收到的功率更大。此外，据报道，美国雷声公司 2015 年发布的 ABW-III 型宽带频谱监测设备，普查瞬时扫宽达 1 GHz/s，详查灵敏度为-160 dBm/Hz，并可以对跳频和直接序列扩频等多种低截获率信号进行可靠检测。在电磁掩体辅助的隐蔽通信方法中，基于 NUCA-DSS 的信号掩藏在环境掩体中，从而降低侦察设备发现的概率。

其次，尽管直接序列扩频技术可以有效降低发射谱密度，但是扩频带宽越宽，星上接收机的 ADC 采样速率和信号处理时钟速率也越高。考虑到卫星属于功耗和复杂度严重受限的搭载平台，常规超宽带深度扩频技术（带宽≥1 GHz）在星载接收机上的发挥势必受到限制，而基于 NUCA-DSS 的电磁掩体辅助的隐蔽通信方法可以在不降低扩频比的条件下，有效降低 ADC 采样速率和信号处理时钟速率，进而降低资源消耗。

最后，综合考虑降低空衰以及防止遮挡等因素，通常低轨全球卫星隐蔽通信系统工作在 L/S 频段（1～3 GHz）。在该频段设计高指向性阵列天线，其尺寸很难控制。过大尺寸的天线不仅带来携带和安装的不便，也可能让设备本身的隐蔽性成为难题；而本章中基于 NUCA-DSS 的电磁掩体辅助的隐蔽通信方法并没有利用高指向性阵列天线，有效缓解了天线尺寸过大的问题。

在电磁掩体辅助的隐蔽通信中，由于隐蔽通信信号是掩藏在掩体内的，掩体信号能够降低侦听方对隐蔽通信信号的侦听能力。此外，卫星接收到的信号中，除了隐蔽通信信号以外，还有掩体信号，需要在掩体干扰的条件下完成隐蔽信号的解调接收。

4.6 本章小结

本章主要介绍了掩体隐蔽通信，根据掩体的分类，分别介绍和分析了自掩体隐蔽通信技术、全双工干扰辅助的合作掩体隐蔽通信技术以及环境掩体隐蔽通信技术。自掩体隐蔽通信技术指将隐蔽信号叠加在多个公开信号之中，利用公开信道的多样性掩护隐蔽信号的传输。当公开信道足够多且侦听方对哪个公开信号叠加隐蔽信号未知时，自掩体隐蔽通信在理论上无法被检测，且自掩体隐蔽通信的错误检测概率与发射功率无关。全双工干扰辅助的合作掩体隐蔽通信技术指利用全双工接收机发射人工噪声故意混淆侦听方以实现隐蔽通信。利用自干扰消除技术和最大人工噪声功率设计，全双工干扰辅助的合作掩体隐蔽通信技术可以在满足一定隐蔽性需求的条件下实现可靠有效的隐蔽数据传输。环境掩体隐蔽通信技术指将环境中的电磁信号作为掩体，通过电磁环境感知、信号拟态融合以及信号可靠接收实现隐蔽通信。此外，本章还介绍了一例电磁掩体辅助的空天隐蔽通信应用，辅助理解掩体隐蔽通信技术。

参 考 文 献

[1] Kim S W, Ta H Q. Covert Communications over Multiple Overt Channels[J]. IEEE Transactions on Communications, 2021, 70(2): 1112-1124.

[2] Arumugam K S K, Bloch M R. Embedding Covert Information in Broadcast Communications[J]. IEEE Transactions on Information Forensics and Security, 2019, 14(10): 2787-2801.

[3] Kibloff D, Perlaza S M, Wang L. Embedding Covert Information on a Given Broadcast Code[C]// IEEE International Symposium on Information Theory, 2019: 2169-2173.

[4] Tao L, Yang W, Yan S, et al. Covert Communication in Downlink NOMA Systems with Random Transmit Power[J]. IEEE Wireless Communications Letters, 2020, 9(11): 2000-2004.

[5] Axell E, Leus G, Larsson E G, et al. Spectrum Sensing for Cognitive Radio: State-of-the-Art and Recent Advances[J]. IEEE Signal Processing Magazine, 2012, 29(3): 101-116.

[6] Sobers T V, Bash B A, Guha S, et al. Covert Communication in the Presence of an Uninformed Jammer[J]. IEEE Transactions on Wireless Communications, 2017, 16(9): 6193-6206.

[7] Duarte M, Dick C, Sabharwal A. Experiment-Driven Characterization of Full-Duplex Wireless Systems[J]. IEEE Transactions on Wireless Communications, 2012, 11(12): 4296-4307.

[8] Bharadia D, McMilin E, Katti S. Full Duplex Radios[J]. ACM SIGCOMM Computer Communication Review, 2013, 43(4): 375-386.

[9] Everett E, Sahai A, Sabharwal A. Passive Self-interference Suppression for Full-Duplex Infrastructure Nodes[J]. IEEE Transactions on Wireless Communications, 2014, 13(2): 680-694.

[10] Shahzad K, Zhou X, Yan S. Covert Communication in Fading Channels under Channel Uncertainty[C]// IEEE 85th Vehicular Technology Conference, 2017: 1-5.

[11] Hu J, Shahzad K, Yan S, et al. Covert Communications with a Full-Duplex Receiver over Wireless Fading Channels[C]// IEEE International Conference on Communications, 2018: 1-6.

[12] Goldsmith A. Wireless Communications[M]. New York: Cambridge University Press, 2005.

[13] Haykin S. Digital Communications [M]. New York: Wiley, 1988.

第5章 跨域协同隐蔽通信

跨域协同隐蔽通信系统通过挖掘未来密集卫星星座的规模优势以及多个隐蔽平台的设备性能，可以进一步提升系统的隐蔽通信能力，有效抵御侦听方的信号侦听手段。5.1 节介绍跨域协同隐蔽通信系统的含义及挑战。在此基础上，5.2 节从系统隐蔽平台间传输约束条件出发，针对跨域低开销协作所面临的问题研究跨域协同处理算法和信息交互机制。5.3 节和 5.4 节分别讨论上行多星协作隐蔽信号接收技术和下行多波束协作隐蔽传输技术，进一步突破隐蔽通信接收信噪比的制约，并有效降低天基平台的发射功率。5.5 节从联合运用空间段与地面段差异化先验信息和设备能力的角度介绍星地协同隐蔽传输技术。5.6 节对本章主要内容进行梳理和总结。

5.1 跨域协同隐蔽通信简介

跨域协同隐蔽通信旨在运用分布在不同空间区域的多个卫星平台内禀的信号收发处理能力以及多个地面隐蔽终端的设备性能，有效挖掘未来密集卫星星座的规模优势，进一步加强通信系统隐蔽性能并提升隐蔽性约束下的传输性能。

然而，空天通信系统中平台间链路的带宽和数量有限，在跨域协同传输过程中，要求系统充分考虑隐蔽平台间传输约束条件，采用适配空天大延时、高动态链路特征的跨域低开销协作机制，以提升多个卫星平台以及地面隐蔽终端之间的通信质量和协作效率。此外，需要针对跨域多隐蔽节点的分层多跳与异构特性，研究通信约束环境下的分布式异构网络高效隐蔽通信计算机制，提高跨域协同通信系统容量和接入效率。

在上行隐蔽接收链路中，跨域协同隐蔽通信系统中同一区域内的地面隐蔽终端往往同时被同一星座的多颗卫星覆盖，多颗卫星可以同时接收地面隐蔽终端信息，为此考虑多星协作隐蔽信号接收架构。分布的多卫星节点协作检测组成虚拟天线阵列，将为其接收性能带来额外增益，以突破隐蔽通信接收信噪比的制约，抵御侦听方在地面部署的信号侦听手段。

在下行隐蔽传输链路中，多波束协作传输可以为地面隐蔽终端接收带来额外增益，在保证落地功率谱密度不变的情况下，有效降低天基平台的发射功率，抵御敌方基于低轨卫星等空天平台的信号侦听手段。多星多波束协同传输系统可以利用虚拟 MIMO 技术增强其覆盖性能，从而提升多域跨尺度条件下跨域协同隐蔽系统的保密容量。

在星地协同隐蔽传输过程中，还可以联合运用空间段与地面段差异化的先验信息和设备能力，获取侦听方不具备的信号传输增益。同时，研究多星多终端组网渗流隐蔽通信技术，即通过多颗卫星节点的协作来实现信息的渗流发送与接收，进而实现跨域星地协同下的隐蔽传输，保障协作数据传输安全。

5.2 跨域协作约束与机制

传统地面移动通信系统通常采用有线承载网，对基站间协作的制约很少。在跨域协同隐蔽通信系统中，与地面系统显著不同，由于空天通信系统中平台间链路的带宽和数量有限，要求跨域隐蔽通信系统充分考虑平台间传输约束条件。为此，通过设计跨域低开销协作机制，提升多个卫星平台以及地面隐蔽终端协作效率。其中，重点考虑分布式/集中式处理的自适应处理机制，在星地隐蔽条件约束下采用适配空天大延时、高动态链路特征的跨域协同处理算法和信息交互机制，具体考虑包括采样符号级、解调信息级、算法协作级的协同与交互机制。需要针对跨域多隐蔽通信节点的分层多跳与异构特性，研究不同隐蔽平台间交互与同步约束环境下的分布式异构网络隐蔽高效通信计算机制，优化跨域协同通信系统容量和接入效率。

5.2.1 平台间交互与同步约束

在传统地面无线通信系统中，基站间通常可以依托基于光纤的回传链路完成站间信息回传及协作。采用光纤的回传网络带宽大、连接数目不受限，因此地面网络的平台间协作能力强。

与传统地面无线通信系统不同，在跨域协同隐蔽通信系统中，卫星隐蔽通信系统部分必须采用基于微波或激光的星间链完成星间组网，其中典型的星间组网方式包括"十"字形和"米"字形。以 20 世纪 90 年代形成组网的铱星系统为例，如图 5.1 所示，其星间组网采用固定的"十"字形方式。其中铱星系统中的每颗卫星与其同轨道面四颗星（前后左右）相连，建立四条星间链；但是位于边缘的第1和第6轨道面的卫星只有向一侧的连接。

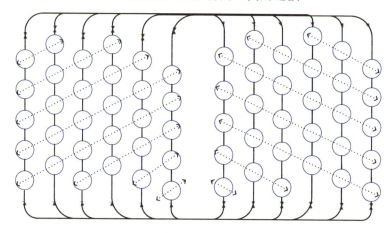

图 5.1 铱星星间交互模型

伴随低轨卫星逐渐密集化，卫星呈现多层化的特点，因此通常可以采用类似"米"字形的星间连接方式。

如图 5.2 所示，以星链（Starlink）的星座构型为例，卫星 $x10101$ 可以与在其星间链范围内的多颗同轨道面、相邻轨道面的卫星进行连接，其中在异轨道面进行连接时，星间存在相对运动，因此每颗星可连接的卫星数目存在动态变化。仍然以星链为例，考虑星间链作用距离变化，$x10101$ 星可连接的卫星数目存在如表 5.1 所示的动态变化情况[1-2]。因此，星间链的连接受到星间距离、端口数目、带宽等诸多因素的限制。

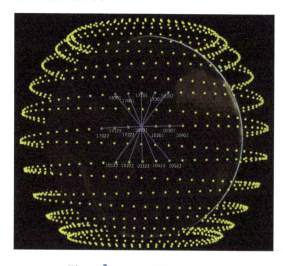

图 5.2 Starlink 星间交互模型

表 5.1 星间链及覆盖范围

星间链路范围/km	永久星间链路数量				临时星间链路数量			
	内部轨道平面	邻接轨道平面	附近轨道平面	总计	内部轨道平面	邻接轨道平面	交叉轨道平面	总计
659	2	0	0	2	4	21	37	62
1319	4	0	0	4	8	41	67	116
1500	4	2	0	6	8	43	85	136
1700	4	6	0	10	4	53	87	144
5016	14	30	44	88	2	113	281	396

综合来看，一方面，有限的传输带宽和端口数目限制了星间协作；另一方面，低轨卫星本身的动态进一步加剧了对隐蔽条件约束下星间协作的要求。因此，如何在卫星星间组网带来的约束下实现有效交互，进而实现星间协作以提升隐蔽通信能力，是需要重点突破的技术瓶颈。

5.2.2 采样级交互

为了满足隐蔽通信需求，地面终端和卫星间必须形成一条稳定、隐蔽的通信链路。在保证信号稳定传输的同时，地面终端需要在极低功率下发射信号。然而，用户业务段数据传输速率较快，单颗星上接收到的信号信噪比无法满足常规解调、译码算法的需求，导致单颗卫星无法接收上传的信息。为此，需要考虑基于多星协作、信息交互的微弱上行隐蔽信号接收系统。

一种直观的方式是在协同隐蔽传输过程中采用采样级的星间交互，即每个卫星对无线信号进行采样后将原始采样信号完整传输到某颗骨干卫星或地面隐蔽终端进行合并。从信息传输的角度看，基于上述采样级的交互带来的信息损失最小，从性能角度来看是最优的。然而，采样级的交互存在两大困难：一方面对星间同步要求高，多星之间需要维护纳秒级的时序，以完成采样信号的有效合并；另一方面对星间带宽要求高，需要通过几十比特的量化才能完成采样信号的精确传输，因此要求星间链路的带宽在星地接入链路的数十倍以上。上述难点均限制了跨域协同隐蔽通信系统多星间的采样级交互。

5.2.3 信息级交互

另一种可以显著降低跨域协同隐蔽通信系统中星间交互开销的方式是采用信息级交互。由于每颗卫星收到的信号是深度扩频信号，信噪比极低，信息量极大，因此每颗卫星需要各自对接收到的隐蔽信号进行解扩，得到符号级软信息,再将该符号级软信息发送给地面信关站进行合并。这样通过多星联合接收的方式,将多颗卫星在不同时刻、不同位置接收到的低功率微弱信号进行合并处理,可以提升接收到的信号的信噪比,使该低功率隐蔽信号有较好的解调、译码结果。由于某些参加合并的卫星附近没有地面站,各卫星收到的信号要通过星间链路经过多次跳转,最终回传到国内地面站(如图 5.3 中卫星 A 和卫星 B 距离地面信关站较远,其解扩得到的符号级软信息将通过星间链路传输给卫星 C 和卫星 D,再回传到地面信关站)。信号合并时采用符号级合并,其合并数据量较小,对星间链路传输压力也较小,有利于卫星将收到的信息通过星间链路传输给地面隐蔽终端。

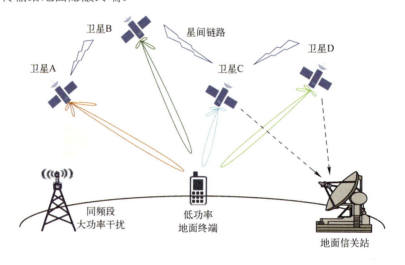

图 5.3　信息级交互系统模型

由于卫星与地面间通信链路的噪声可以视为加性高斯白噪声,不具有相关性,而卫星接收的信号有相关性,因此通过对不同时刻、不同位置卫星接收方接收到的来自同一地面终端的隐蔽上行微弱信号进行加权合并,完全可以提升接收方信号信噪比。其主要合并方法为最大比合并。最大比合并是分集合并技术中的最优选择,相对于选择合并和等增益合并可以获得更好的性能。最大比合并后信号的信噪比最大,即合成信号的信噪比分别为各支路信噪比之和,可以提升我方的隐蔽信号检测性能。

5.2.4　算法级交互

为了在跨域平台间实现有效的协同隐蔽信息传输,除了在采样级、信息级进行交互以外,还可以在算法级进行交互,即将传统部署在单个节点上的算法通过有效的拆解、简化,使其可以运行在多个节点上,从而提升系统多个隐蔽平台间的协作效率。

在一个时隙中,假设系统中多颗卫星到多个地面隐蔽终端的传输模型等价于一个虚拟 MIMO 系统,其中多颗卫星组成一个巨大的天线阵列,与地面多个终端进行隐蔽信息传输。通过构建一个离散多用户信号传输模型,地面多个隐蔽终端的分布区域由同一信关站控制的多颗卫星覆盖。在跨域协同隐蔽通信系统中,由于每个卫星平台与地面隐蔽终端之间都有多普勒效应,时延导致卫星间信号同步困难。针对这类问题,一种有效的解决方法是考虑载波频率偏移引起的相移,构建一种基于单载波交织频分多址的分组结构,设计跨域协同隐蔽通信系统中的多卫星协作随机接入算法,通过多颗卫星间的算法级交互来克服用户传播时延对卫星节点接收信号的影响,保证接收信号的同步。

5.3> 上行多星协作隐蔽信号接收技术

在实际的低轨卫星隐蔽通信系统中,同一区域内的设备终端往往同时被同一星座的多颗卫星覆盖,这些卫星都可以接收设备终端的数据包。多颗卫星对接收信号的协作检测将为其传输性能带来额外增益[3-5],由此建立一种面向低轨卫星星座的多星多节点通信系统模型,具体如图 5.4 所示。跨域协同传输将多个设备看作不同的天线,通过多设备的分布式协作来模拟一个 MIMO 系统,使得分布的无线设备组成虚拟天线阵列,从而突破了隐蔽通信接收信噪比的制约[6-8]。

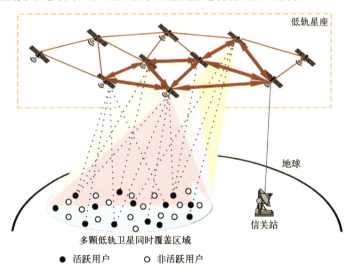

图 5.4 多星协作虚拟阵列信号检测示意图

针对上行隐蔽传输,在发射信噪比不变甚至降低的情况下,采用多星协作获得空间分集增益,提升接收信噪比,从而抵御敌方在地面部署的信号侦听手段。

5.3.1 传统单星多用户协作检测系统模型

考虑一个连接 K 个用户、拥有 N 个正交资源的单星上行链路的码域非正交低密度扩频码分多址（Low-Density Spreading Code Division Multiple Access，LDS-CDMA）系统模型。如图 5.5 所示，在发送方，对于一个指定用户 k，$k=1,2,\cdots,K$，假设第 k 个用户长度为 q_b 的二进制数据比特流为 $\boldsymbol{b}_k = \left[b_{k,1}, b_{k,2}, \cdots, b_{k,q_b} \right]$，经过信道编码之后生成长度为 q_c 编码码字流 $\boldsymbol{c}_k = \left[c_{k,1}, c_{k,2}, \cdots, c_{k,q_c} \right]$。紧接着，每 $\log_2 M$ 比特编码码字按照星座字母表 $\mathcal{X}$ 调制为对应的发射信号 x_k，其中 M 是对应调制星座字母表的基。最后，利用每个用户对应的稀疏扩频序列 $\boldsymbol{s}_k = \left[s_{1,k}, s_{2,k}, \cdots, s_{N,k} \right]^\mathrm{T}$ 对调制信号进行扩频，将用户发射信号扩展到 N 个正交资源上。

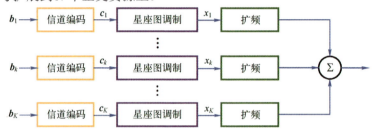

图 5.5 上行 LDS-CDMA 系统模型

在接收方，接收到的信号 $\boldsymbol{y}_\mathrm{Rx} = \left[y_{\mathrm{Rx},1}, y_{\mathrm{Rx},2}, \cdots, y_{\mathrm{Rx},N} \right]^\mathrm{T}$ 可以表示为：

$$\boldsymbol{y}_\mathrm{Rx} = \sum_{k=1}^{K} \boldsymbol{h}_k \odot \boldsymbol{s}_k \cdot x_k + \boldsymbol{z} \tag{5.1}$$

式中：$z \sim \mathcal{CN}(0, \sigma_z^2)$ 表示均值为 0 方差为 σ_z^2 的循环对称复高斯噪声；$\boldsymbol{h}_k = \left[h_{1,k}, h_{2,k}, \cdots, h_{N,k} \right]^\mathrm{T}$ 表示第 k 个用户与接收机之间的信道参数；符号 $\odot$ 表示 Hadamard 乘积，即向量的对应位置相乘。

对于信号检测，由于接收信号 $\boldsymbol{y}_\mathrm{Rx}$ 是由多用户码字非正交叠加而成的信号，以往的单用户检测技术将无法达到较优的检测效果，必须采用多用户联合检测算法对发射信号 $\boldsymbol{x} = \left[x_1, x_2, \cdots, x_K \right]$ 进行恢复。S.Verdu 提出了在多址系统中基于最大后验概率（Maximum A Posteriori，MAP）准则的多用户检测算法，并证明了基于该算法的接收机是最优的[9]。

最大后验概率检测算法是在已知接收信号和信道情况的前提下，通过遍历所有可能的用户码本组合，找到可以使得后验概率最大的一组用户发射信号，此时用户 k 的发射信号 x_k 的估计值表示为

$$\hat{x}_k = \arg\max_{a\in\mathcal{X}} \sum_{x\in\mathcal{X}^K, x_k=a} \mathbb{P}(x|y_{\text{Rx}}) \tag{5.2}$$

式中：$\mathcal{X}$ 表示用户的星座字母表；$\mathcal{X}^K$ 表示用户所有可能发射符号的集合。通过遍历所有发射星座字母表的调制星座符号 $a, a\in\mathcal{X}$，找到对应最大后验概率的码字作为发射信号的估计值。

运用贝叶斯准则，有

$$\mathbb{P}(x|y_{\text{Rx}}) = \frac{\mathbb{P}(y_{\text{Rx}}|x)\mathbb{P}(x)}{\mathbb{P}(y_{\text{Rx}})} \tag{5.3}$$

则 $\hat{x}_k$ 可以简化为

$$\hat{x}_k = \arg\max_{a\in\mathcal{X}} \sum_{x\in\mathcal{X}^K, x_k=a} \mathbb{P}(x) \prod_{n\in\mathcal{V}_k} \mathbb{P}(y_{\text{Rx},n}|x[n]) \tag{5.4}$$

式中：$\mathcal{V}_k$ 表示用户 k 占用的正交资源集合；$x[n]$ 表示占用第 n 个正交资源的发送符号向量。在用户 k 的码本一共有 Q 种可能的情况下，MAP 算法的复杂度为 $O(K^Q)$。然而，指数型增长的算法复杂度较高，卫星无法承受。

因此，接收方恢复用户发射信号常用一种基于因子图的消息传递算法。因子图是一种能够表征信号模型的数学工具，其构成与关联矩阵 $\boldsymbol{F}=[\boldsymbol{f}_1,\boldsymbol{f}_2,\cdots,\boldsymbol{f}_K]$ 有关。其中 $\boldsymbol{f}_k=[f_{1,k},f_{2,k},\cdots,f_{N,k}]^{\text{T}}$ 表示第 k 个用户对于资源的占用情况，与每个用户的具体扩频序列有关。其中，$f_{n,k}$ 可以表示为

$$f_{n,k} = \begin{cases} 0, & s_{n,k}=0 \\ 1, & s_{n,k}\neq 0 \end{cases}; \quad k=1,2,\cdots,K \tag{5.5}$$

当 $f_{n,k}=1$ 时，第 k 个用户占用第 n 个正交资源。进一步，用功能节点（Function Nodes, FNs）与变量节点（Variable Nodes, VNs）分别表示关联矩阵的行和列，F_n 与 U_k 分别表示第 n 个功能节点与第 k 个变量节点。若元素 $f_{n,k}=1$，则将 F_n 与 U_k 进行连接形成边 $e_{n,k}$，进而形成对应关联矩阵的因子图。图 5.6 为 $K=16$、$N=12$ 时的因子图示意图，在具体的消息传递算法的迭代过程中，用户传输码字的概率信息以对数似然比（Log-Likelihood Ratio，LLR）的形式在功能节点与变量节点之间进行软信息更新。

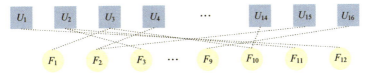

图 5.6 因子图

定义从第 n 个功能节点 F_n 到第 k 个变量节点 U_k 的 LLR 消息为 $\ell_{F_n\to U_k}$，类似地，

从第 k 个变量节点 U_k 到第 n 个功能节点 F_n 的 LLR 消息使用 $\ell_{F_n \leftarrow U_k}$ 表示。对于迭代检测译码接收方，所有节点都接收表 5.2 中所定义的相应集合中的节点所传递的消息，经过对应迭代将新的消息更新到目标节点。具体而言，消息传递算法可以概括为如下三个部分。

表 5.2 部分参数定义

符号	数学描述	物理意义
$\mathcal{W}_1$	$\{k \mid f_{n,k}=1\}$	与功能节点 F_n 相连的 VNs 集合
$\mathcal{W}_2$	$\{k' \mid f_{n,k'}=1, k' \neq k\}$	与功能节点 F_n 相连的 VNs 集合 (U_k 除外)
$\mathcal{W}_3$	$\{n \mid f_{n,k}=1\}$	与变量节点 U_k 相连的 FNs 集合
$\mathcal{W}_4$	$\{n' \mid f_{n',k}=1, n' \neq n\}$	与变量节点 U_k 相连的 FNs 集合 (F_n 除外)

（1）初始化。在卫星接收方，当获得了每个正交资源块上的接收信号以及信道信息后，可以计算得到对应的信道转移概率。除此之外，当发送方采用 BPSK 调制时，可以初始化为

$$\ell_{F_n \leftarrow U_k} = \log \frac{\mathbb{P}(x_k = +1)}{\mathbb{P}(x_k = -1)} = 0 \tag{5.6}$$

$$\mathbb{P}_n(y_{\text{Rx},n} \mid \boldsymbol{x}[n]) = \frac{1}{\pi N_0} \exp\left(-\frac{1}{N_0}\left(\|y_{\text{Rx},n} - \boldsymbol{h}[n]\boldsymbol{x}^{\text{T}}[n]\|^2\right)\right) \tag{5.7}$$

（2）设置最大迭代次数为 T。在第 t 次迭代中，当更新 F_n 到 U_k 的 LLR 消息时，需要收集与功能节点 F_n 相连的所有除目标变量节点外的变量节点集合 $\mathcal{W}_2$ 对应边 $e_{n,k}, k \in \mathcal{W}_2$ 传递的外信息。根据置信传播准则，更新过程可以概括为

$$\ell_{F_n \to U_k}^t = \log \frac{\sum_{\boldsymbol{x}[n] \in \mathcal{X}^{\text{df}}, x_k = +1} \mathbb{P}_n(y_{\text{Rx},n} \mid \boldsymbol{x}[n]) \prod_{\mathcal{W}_2} \exp\left(\frac{x_{k'}}{2} \ell_{F_n \to U_{k'}}^t\right)}{\sum_{\boldsymbol{x}[n] \in \mathcal{X}^{\text{df}}, x_k = -1} \mathbb{P}_n(y_{\text{Rx},n} \mid \boldsymbol{x}[n]) \prod_{\mathcal{W}_2} \exp\left(\frac{x_{k'}}{2} \ell_{F_n \to U_{k'}}^t\right)} \tag{5.8}$$

其中，df 是因子图中 FNs 对应的度。在第 t 次迭代中当更新 U_k 到 F_n 的 LLR 消息时，需要收集与变量节点 U_k 相连的所有除目标功能节点外的变量节点集合 $\mathcal{W}_4$ 对应边 $e_{n,k}, n \in \mathcal{W}_4$ 传递的外信息。同理，根据置信传播准则，具体更新过程可以概括为

$$\ell_{F_n \leftarrow U_k}^t = \sum_{\mathcal{W}_4} \ell_{F_{n'} \to U_k}^{t-1} \tag{5.9}$$

（3）经历 T 次迭代之后，每个变量节点 U_k 收集与该节点相连的所有边信息 $e_{n,k}, n \in \mathcal{W}_3$ 输出用于后续进行判决或输入信道译码器的 LLR 软信息，具体过程

可以概括为

$$\ell_{F_n \leftarrow U_k}^{t} = \sum_{\mathcal{W}_3} \ell_{F_{n'} \rightarrow U_k}^{t-1} \tag{5.10}$$

5.3.2 协作检测算法设计

我们考虑将单星 LDS-CDMA 系统拓展至分布式多卫星系统，该系统中的 K 个地面隐蔽设备共享 N 个正交资源，在接收方一共有 J 颗卫星共同协作完成发射信号的恢复过程。其中，第 j 颗卫星的接收信号 $\boldsymbol{y}_{\text{Rx},j} = [y_{\text{Rx},j,1}, y_{\text{Rx},j,2}, \cdots, y_{\text{Rx},j,N}]^{\text{T}}$ 可以表示为

$$\boldsymbol{y}_{\text{Rx},j} = \sum_{k=1}^{K} \boldsymbol{h}_{k,j} \odot \boldsymbol{s}_k \cdot x_k + \boldsymbol{z}_j \tag{5.11}$$

式中，$\boldsymbol{h}_{k,j} = [h_{1,k,j}, h_{2,k,j}, \cdots, h_{N,k,j}]^{\text{T}}$ 表示用户 k 与卫星 j 间的信道参数；$\boldsymbol{z}_j \sim \mathcal{CN}(0, \sigma_z^2)$ 表示卫星 j 的均值为 0 方差为 σ_z^2 的循环对称复高斯噪声。

在多星系统上完成传统消息传递算法，一种简单思路是基于单星情况下的因子图构造多星协作接收的全连接因子图。与单星消息传递算法类似，分布式 LDS-CDMA 系统的全连接因子图可以用二进制 $NJ \times K$ 的稀疏矩阵 $\bar{\boldsymbol{F}}$ 表示，满足 $\bar{\boldsymbol{F}} = \boldsymbol{F} \otimes \boldsymbol{L}$，其中 $\otimes$ 表示 Kronecker 积，矩阵 $\boldsymbol{L}$ 表示卫星与用户集群的全连接关系，该矩阵在通常情况下是一个 $J \times 1$ 的全 1 向量。

不难发现，全连接因子图中包含有 NJ 个与时频资源数目和卫星数目有关的功能节点，以及 K 个与用户数目有关的变量节点。为了方便后续说明，使用 $F_{j,n}$ 表示位于第 j 颗卫星上的第 n 个功能节点，用 U_k 表示第 k 个变量节点。

若使用全连接因子图进行迭代更新，消息的形式只有两种，即从功能节点到变量节点 $\ell_{F \rightarrow U}$ 以及从变量节点到功能节点 $\ell_{U \rightarrow F}$。然而，从图 5.7 中可以看出一个变量节点与 NJ 个功能节点相连接。根据消息传递算法，当计算 $\ell_{F_{j,n} \leftarrow U_k}$ 时需要收集来自 $J-1$ 个卫星的共计 $NJ-1$ 个功能节点的消息，这一过程消息会横跨不同的分布式卫星。因此，尽管在多星分布式场景中使用全连接因子图进行迭代检测是一种准确度较高的检测算法，但是由于星间交互频繁，需要对算法进行修正。

为了解决这个问题，在所提出的算法中引入辅助节点（Auxiliary Nodes, ANs）联合 FNs 与 VNs 完成对于发射信号的恢复，以减少星间链路开销。将卫星集合分为辅助卫星集与核心卫星 j'，位于辅助集合的卫星为核心卫星 j' 提供迭代所需要的先验信息，因此，所引入的辅助节点又称为先验节点。在每次迭代过程中，位于辅助集合的卫星根据收集到的信息执行相应算法生成用户发射符号对应的先验概率并且进行选择，然后将选择的先验信息送入核心卫星，辅

助核心卫星继续完成迭代检测。方便起见，用 $A_{j,k}$ 表示卫星 j 关于用户 k 的先验节点，节点包含辅助卫星 j 对于用户 k 的先验信息。ANs 参与完成对用户 k 发射信号的迭代检测，且对所有 FNs 与 VNs 起承接作用，将所有与用户 k 有关的先验节点集合定义为 $\mathcal{A}_k$。不难发现，由于先验节点的引入，全连接因子图的结构发生了变化，新的稀疏因子图如图 5.8 所示。

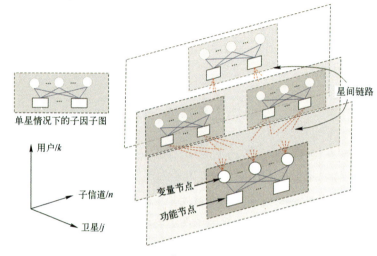

图 5.7 全连接因子图

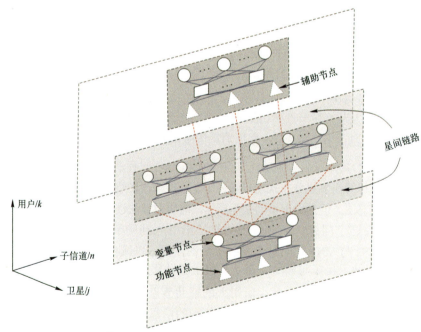

图 5.8 基于 FN-AN-VN 的低开销分布式多用户检测算法

与此同时，先验节点的引入使得在因子图之间传输的消息种类增多。为了方便描述，表 5.3 中给出了接下来使用的符号的定义。

表 5.3 部分参数定义

符号	表示意义
$\ell^t_{F_{j,n} \to U_k}$	消息从 $F_{j,n}$ 到 U_k
$\ell^t_{F_{j,n} \leftarrow U_k}$	消息从 U_k 到 $F_{j,n}$
$\ell^t_{A_{j,k} \leftarrow F_{\mathcal{W}_3,j}}$	消息从与 U_k 相连的所有卫星上的功能节点集合到 $A_{j,k}$
$\ell^t_{A_k \to U_k}$	消息从 A_k 到 U_k
$\mathcal{W}_{1,j}$	与功能节点 $F_{j,n}$ 相连的 VNs 集合
$\mathcal{W}_{2,j}$	与功能节点 $F_{j,n}$ 相连的除 U_k 外的 VNs 集合
$\mathcal{W}_{3,j}$	与 U_k 相连的所有卫星上的 FNs 集合
$\mathcal{W}_{4,j}$	与 U_k 相连的除 $F_{j,n}$ 的所有卫星上的 FNs 集合

从表 5.3 中可以看出，随着先验节点的引入，增加了从功能节点群 $\mathcal{W}_{3,j}$ 到先验节点 $A_{j,k}$ 的消息以及从先验节点群 A_k 到变量节点 U_k 的消息。那么，不同节点之间消息传输规则如下所示。

（1）初始化。与传统消息传递算法类似，卫星接收到信号之后根据信道信息计算出信道转移概率：

$$\mathbb{P}_{j,n}(y_{\mathrm{Rx},j,n} \mid \boldsymbol{x}[j,n]) = \frac{1}{\pi N_0} \exp\left(-\frac{1}{N_0}\left(\left\|y_{\mathrm{Rx},j,n} - \boldsymbol{h}[j,n]\boldsymbol{x}^{\mathrm{T}}[j,n]\right\|^2\right)\right) \quad (5.12)$$

式中：$\boldsymbol{x}[j,n]$ 表示占用第 j 颗卫星第 n 个子信道用户的发射符号向量；$\boldsymbol{h}[j,n]$ 表示占用第 j 颗卫星第 n 个子信道的用户与卫星 j 之间的信道参数。

（2）更新从 $F_{j,n}$ 到 U_k 的消息。所有卫星集合中的卫星可以视作独立的分布式检测系统，独立完成从功能节点到变量节点边信息的更新。位于不同卫星上的功能节点 $F_{j,n}$ 需要更新到目标变量节点 U_k 的消息时，收集不同卫星上的变量节点集合 $\mathcal{W}_{2,j}$ 所传递的外信息，完成本次迭代更新过程：

$$\ell^t_{F_{j,n} \to U_k} = \log \frac{\sum_{\boldsymbol{x}[j,n] \in \mathcal{X}^{\mathrm{df}}, x_k = +1} \mathbb{P}_{j,n}(y_{\mathrm{Rx},j,n} \mid \boldsymbol{x}[j,n]) \prod_{\mathcal{W}_{2,j}} \exp\left(\frac{x_{k'}}{2} \ell^t_{F_{j,n} \to U_{k'}}\right)}{\sum_{\boldsymbol{x}[j,n] \in \mathcal{X}^{\mathrm{df}}, x_k = -1} \mathbb{P}_{j,n}(y_{\mathrm{Rx},j,n} \mid \boldsymbol{x}[j,n]) \prod_{\mathcal{W}_{2,j}} \exp\left(\frac{x_{k'}}{2} \ell^t_{F_{j,n} \to U_{k'}}\right)} \quad (5.13)$$

（3）更新从 $F_{\mathcal{W}_3,j}$ 到 $A_{j,k}$ 的消息。在单星消息传递算法中，用户的先验概率是固定不变的。当采用 BPSK 调制后，用户传输码字为+1 与-1 的概率相等。特别地，当信息以对数似然比的形式出现时，先验信息的数值为 0。然而，位于辅助卫星集中的卫星在每次迭代时动态产生关于所有用户的先验信息。首先，在每次迭代过程中，所有位于辅助卫星集合中的卫星计算出关于用户 k 粗略的先验信息：

$$\ell^t_{A_{j,k} \leftarrow F_{\mathcal{W}_{3,j}}} = \sum_{\mathcal{W}_{3,j}} \ell^{(t-1)}_{F_{j,n} \to U_k}, j \neq j' \tag{5.14}$$

然后，以某个卫星 j 为例，当该卫星上的所有先验节点更新之后，按照某个置信度准则对于更新的消息进行选择传输。引入先验信息关联矩阵 $\boldsymbol{\Gamma} = \{\Gamma_{j,k}\}_{j\in\{1,2,\cdots,J\}, k\in\{1,2,\cdots,K\}}$ 决定辅助卫星 j 是否向核心卫星传输关于用户 k 的先验信息。矩阵 $\boldsymbol{\Gamma}$ 中的每个元素由保留的先验节点个数 p 与相应的置信度准则 $B(A_{j,k})$ 决定。本节给出三种简单的置信度准则，分别是基于差异最大化选取、基于绝对值最大化选取和随机选取。

$$B(A_{j,k}) = \frac{\left|\ell^t_{A_{j,k} \leftarrow F_{\mathcal{W}_{3,j}}} - \ell^{t-1}_{A_{j,k} \leftarrow F_{\mathcal{W}_{3,j}}}\right|}{\left|\ell^{t-1}_{A_{j,k} \leftarrow F_{\mathcal{W}_{3,j}}}\right|} \tag{5.15}$$

$$B(A_{j,k}) = \left|\ell^t_{A_{j,k} \leftarrow F_{\mathcal{W}_{3,j}}}\right| \tag{5.16}$$

上述两个公式分别给出了基于差异最大化选取和基于绝对值最大化选取的置信度计算方法。当计算出每颗辅助卫星集合对应先验节点的置信度之后，保留 p 个质量最好的先验节点进行传输。而基于随机选取的准则是随机选取属于卫星 j 的所有先验节点中的 p 个进行保留，并将进行选取后的 p 个先验节点加入临时集合 $\mathcal{P}_t$ 中，然后将集合中的先验节点对应 $\boldsymbol{\Gamma}$ 矩阵中的位置由 0 翻转为 1，即 $\Gamma_{j,k} = 1, \forall k \in \mathcal{P}_t$。

（4）更新从 $\mathcal{A}_k$ 到 U_k 的消息。不同于以上发生在分布式卫星中的消息更新步骤，在该过程中，核心卫星在对应矩阵 $\boldsymbol{\Gamma}$ 的指导下收集来自辅助卫星先验节点集合 $\mathcal{A}_k$ 发送的先验消息：

$$\ell^t_{\mathcal{A}_k \to U_k} = \sum_{j=1}^{J} [1 - \sigma(j - j')] \ell^t_{A_{j,k} \leftarrow F_{\mathcal{W}_{3,j}}} \cdot \Gamma_{j,k} \tag{5.17}$$

其中，$\sigma(\cdot)$ 为狄拉克函数。

（5）更新从 U_k 到 $F_{j',n}$ 的消息。在更新从 U_k 到 $F_{j',n}$ 的消息时，需要所有卫星进行协同合作。具体而言，该过程发生在核心卫星 j' 中，在收集到来自辅助卫星集合中卫星的先验信息并结合本地变量节点传递的消息之后，完成此次消息迭代的更新：

$$\ell_{F_{j',n} \leftarrow U_k} = \ell_{\mathcal{A}_k \to U_k} + \sum_{\mathcal{W}_{4,j}} \ell_{F_{j,n} \to U_k} \tag{5.18}$$

（6）为了确保整个分布式卫星系统的同步性，当核心卫星完成从 U_k 到 $F_{j',n}$ 的消息的更新后，需要对辅助卫星进行消息广播：

$$\ell_{F_{j,n} \leftarrow U_k} = \ell_{F_{j',n} \leftarrow U_k}, \forall j \neq j' \tag{5.19}$$

5.3.3 性能评估

5.3.3.1 星间链路开销

根据 5.3.2 节介绍的协作检测算法流程可以得出，星间交互主要存在两个消息传输的过程中：从节点 $\mathcal{A}_k$ 到节点 U_k 的消息传递过程以及从节点 U_k 到节点 $F_{j',n}$ 的消息广播过程，通过计算横跨不同卫星之间节点通信次数可以衡量多用户检测过程中星间交互开销。

具体而言，考虑当用户数目为 K、卫星总数为 J、选择参数为 p、使用正交资源个数为 N、最大迭代次数为 T、一个用户实际使用的正交资源个数为 d_v 时，星间链路开销可以用表 5.4 所示。

表 5.4　星间链路节点传递次数分析

算法名称	星间链路传递次数
基于全连接因子图的多用户检测算法	$(2 \times (J-1) \times d_v \times K) \times T$
基于置信度准则的 FN-AN-VN 分布式检测算法	$(p \times (J-1) + (J-1) \times d_v \times K) \times T$

5.3.3.2 多星协作检测性能

为了评估基于置信度准则多用户检测中不同置信准则的性能，通过数值仿真分析比较在瑞利衰落信道下的误比特率。

首先分析参数 p 相等的情况下，不同置信度准则的误比特率，仿真结果如图 5.9 和图 5.10 所示。在 $p=6$ 的情况下，基于全连接因子图的误比特性能最好，而基于不同置信度判断准则的算法表现性能也有差异。其中，基于差异最大化准则误比特性能最好，基于绝对值最大化次之，随机选择性能最差。

图 5.10 展示了当 $p=10$ 时基于全连接因子图的分布式多用户检测算法与不同置信度准则的多星检测算法的性能差异。不难发现，与图 5.9 相比，随着选择参数 P 的增加，基于置信度准则的分布式算法误比特性能逐渐变好。特别地，在信噪比较低时，基于最佳置信度准则的多星检测算法性能接近于基于全连接因子图的分布式检测算法。

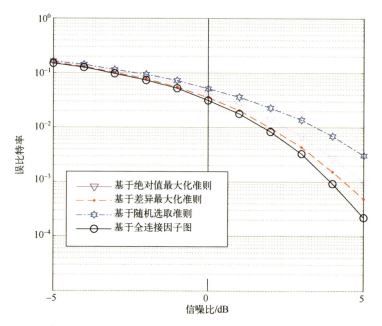

图 5.9 ▍$p=6$ 时采用不同置信度准则与全连接因子图误比特性能对比

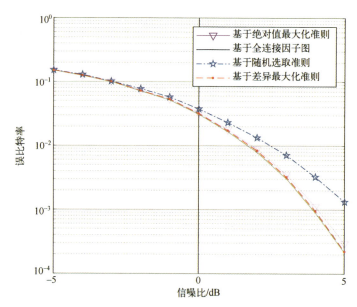

图 5.10 ▍$p=10$ 时采用不同置信度准则与全连接因子图误比特性能对比

图 5.11 展示了基于较优置信度准则（即差异最大化准则）的多星协作检测算法误比特性能随参数 P 的变化情况。可以看出随着参数 P 的增加，根据差异

最大化选取准则的分布式算法误比特性能越来越好。当 $p=6$、信噪比为 4.5 dB 时，较优置信度下的误比特性能与基于全连接因子图的分布式多用户检测算法误比特性能相比只有 0.5 dB 的损耗。

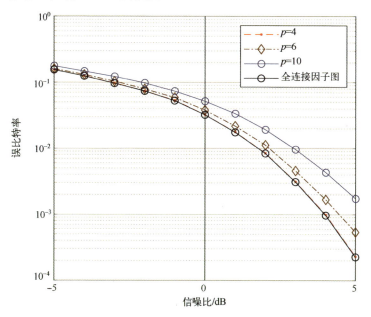

图 5.11 基于差异最大化准则选取不同 p 时与全连接因子图误比特性能对比

由此可见，在上行隐蔽接收链路中采用多星协作隐蔽信号接收架构可以突破隐蔽通信接收信噪比的制约，抵御侦听方在地面部署的信号侦听手段。

5.4 下行多波束协作隐蔽传输技术

多波束协作传输可以在保证落地功率谱密度不变的情况下，有效降低天基平台的发射功率，抵御敌方基于低轨卫星等空天平台的信号侦听手段。

多波束协作可以视作利用设备优势获取隐蔽通信的增益。多星多波束协作隐蔽传输通过协同调度多个卫星的点波束实现数据传输，获取分集发送增益，有效提高传输可靠性和传输容量[10-11]。在本节中，首先基于随机几何理论建立星地多维立体接入系统模型，构建多星多波束协作隐蔽传输总体架构，然后研究多星多波束协同传输的覆盖增强方法，采用虚拟 MIMO 技术增强多星多波束系统的覆盖性能，从而提升多域跨尺度条件下的保密容量。

5.4.1 多波束联合覆盖系统模型

5.4.1.1 信号模型

考虑终端由多颗 LEO 卫星联合服务的下行链路协同传输场景,如图 5.12 所示。该系统中的 LEO 星座由 I 颗具有相同高度的多波束卫星组成,记为 $\mathcal{I} = \{1, 2, \cdots, I\}$。假设所有卫星工作在具有相同带宽的 S 波段,并且每颗卫星配备有 B 个跳频波束。为了减少卫星内的波束间干扰,占用带宽被平均划分为 B 个正交子信道,每个波束占用其中的一个。

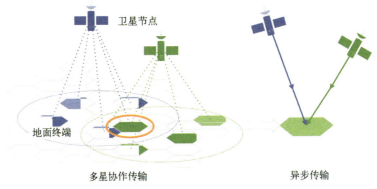

图 5.12 多星协作网中的异步非正交传输

在所考虑的网络中,假设 N 个单天线移动终端随机分布在地面上,移动终端用集合 $\mathcal{N} = \{1, 2, \cdots, N\}$ 表示。定义 $\boldsymbol{c}_{i,n} = \left[c_{i,n}(1), c_{i,2}(2), \cdots, c_{i,n}(M) \right]^{\mathrm{T}}$ 为从第 i 个卫星发送到第 n 个终端的调制符号序列,该序列经由滚降系数为 β 的根升余弦函数 $s(t)$ 成形,那么从第 i 颗卫星发送至第 n 个终端的信号可以表示为 $x_{i,n}(t) = \sum_{m=1}^{M} c_{i,n}(m) s(t - mT_s)$,其中 T_s 代表符号间隔。假设每个终端可以同时由多个具有跳频波束的卫星服务,记 $\mathcal{I}_n = \{1, 2, \cdots, I_n\}$ 为与终端 n 相关联的卫星的索引集,则终端 n 的接收信号可由下式给出:

$$y_{\mathrm{Rx},n}(t) = \sum_{i \in \mathcal{I}_n} h_{i,n} \sqrt{p_{i,n}} x_{i,n}(t - \tau_{i,n} T_s) + z_n(t) \tag{5.20}$$

式中:$p_{i,n}$ 是卫星 i 到终端 n 的发送功率;$h_{i,n}$ 是卫星 i 和终端 n 之间的信道系数;$\tau_{i,n} \in [0,1)$ 是卫星 i 和终端 n 之间的延迟因子;$z_n(t)$ 是第 n 个终端方差为 σ_z^2 的加性高斯白噪声。

5.4.1.2 异步容量

下面推导终端 n 可实现的异步容量。采用连续干扰消除(Successive

Interference Cancellation，SIC）作为符号检测方法。为了获得等效的离散时间输出，对于第 n 个终端，我们首先将接收到的信号 $y_{\text{Rx},n}(t)$ 通过响应函数为 $s(t)$ 的匹配滤波器，然后在离散时间 $t_{i,n}^m = mT_s + \tau_{i,n}T_s$ 和 $t_{i',n}^m = mT_s + \tau_{i',n}T_s$ 采样，可分别得到卫星 i 发送至第 n 个终端处的等效输出序列和卫星 i' 发送至第 n 个终端处的等效输出序列。以卫星 i 发送至第 n 个终端处的信号为例，相应的采样结果可以表示为

$$y_{\text{Rx},i,n}(t) = y_{\text{Rx},n}(t) * s(t)\big|_{t_{i,n}^m} = h_{i,n}\sqrt{p_{i,n}}c_{i,n}(m) + z_{i,n}(m) + \sum_{i' \in \mathcal{I}_n \setminus \{i\}} h_{i',n}\sqrt{p_{i',n}} \sum_{m'=1}^{M} c_{i',n}(l) g\left[(m' - m + \tau_{i,i',n})T_s\right] \quad (5.21)$$

式中：$z_{i,n}(m) = \int z_n(m)s(t - t_{i,n}^m)\mathrm{d}t$；$g(t) = s(t) * s(t)$；$\tau_{i,i',n} = \tau_{i',n} - \tau_{i,n}$。显然，对于第 n 个终端，可以得到 I_n 组长度为 M 的样本。

对于解码部分，在给定终端处具有最大接收功率的信号应被优先解码。记 $\alpha_{i,n} = p_{i,n}|h_{i,n}|^2 / \sigma_z^2$ 为卫星 i 发送至终端 n 的等效信道增益，$\delta_{i,i',n} \in \{0,1\}$ 为解码顺序指示符，表示第 i' 颗卫星发射的信息在解码来自第 i 个卫星的信息之前是否已解码。具体而言，$\delta_{i,i',n} = 0$ 表示第 i' 颗卫星发射的信息在解码来自第 i 个卫星的信息之前已解码，即 $\alpha_{i,n} < \alpha_{i',n}$；而 $\delta_{i,i',n} = 1$ 表示来自第 i' 颗卫星的信息在解码来自第 i 个卫星的信息之前尚未解码，即 $\alpha_{i,n} > \alpha_{i',n}$。这里，第 i 个卫星和第 n 个隐蔽终端之间的信干噪比（Signal to Interference plus Noise Ratio，SINR）为

$$\gamma_{i,n} = \frac{\alpha_{i,n}}{\sum_{i' \in \mathcal{I}_n \setminus \{i\}} \delta_{i,i',n}\alpha_{i',n}G(\tau_{i,i',n}) + 1} \quad (5.22)$$

式中：$G(\tau_{i,i',n}) = 1 - \beta/4 + \beta/4 \cdot \cos 2\pi\tau_{i,i',n}$ 为异步因子。记卫星到终端关联指标为 $\phi_{i,n}$，其中 $\phi_{i,n} = 1$ 表示第 i 个卫星和第 n 个终端之间存在传输，否则 $\phi_{i,n} = 0$。由此得到第 n 个终端的提供容量为

$$R_n^{\text{off}} = \sum_{i \in \mathcal{I}_n} \phi_{i,n} R_{i,n} = \frac{1}{2} \sum_{i \in \mathcal{I}_n} \phi_{i,n} \log_2(1 + \gamma_{i,n}) \quad (5.23)$$

此外，将 R_n^{req} 定义为第 n 个终端的请求容量。那么，第 n 个终端的请求容量满足率（Request Capacity Satisfied Ratio，RCSR）可以表示为 $R_n^{\text{off}} / R_n^{\text{req}}$，它可以量化提供和请求容量之间的不匹配度。

5.4.1.3 问题表述

本小节通过联合优化卫星到终端的发送功率 $\boldsymbol{p} = \{p_{i,n}\}_{i \in \{1,2,\cdots,I\}, n \in \{1,2,\cdots,N\}}$、卫

星发送到终端的信息解码顺序 $\boldsymbol{\delta}=\left\{\delta_{i,i',n}\right\}_{i,i'\in\{1,2,\cdots,I\},n\in\{1,2,\cdots,N\}}$ 以及卫星到终端连接关系变量 $\boldsymbol{\phi}=\left\{\phi_{i,n}\right\}_{i\in\{1,2,\cdots,I\},n\in\{1,2,\cdots,N\}}$ 来提高所有终端的最小请求容量满足率（Minimum Request Capacity Satisfaction Ratio，MRCSR）。这里建模成一个最大-最小分数公平问题，其可以表示为

$$(\mathcal{OP}_1) \quad \max_{\boldsymbol{p},\boldsymbol{\delta},\boldsymbol{\phi}} \min_{n\in\mathcal{N}} \frac{R_n^{\text{off}}}{R_n^{\text{req}}}$$

$$\text{s.t.} \begin{cases} C1: \sum_{n\in\mathcal{N}} p_{i,n} \leqslant P_{\text{sat}}, \forall i\in\mathcal{I} \\ C2: p_{i,n} \leqslant \phi_{i,n} P_{\text{beam}}, \forall i\in\mathcal{I}, n\in\mathcal{N} \\ C3: \sum_{n\in\mathcal{N}_i} \phi_{i,n} \leqslant B, \forall i\in\mathcal{I} \\ C4: \sum_{n\in\mathcal{N}_i} \phi_{i,n} \leqslant \sum_{i\in\mathcal{I}_n} \phi_{i,n} \leqslant I_{\max}, \forall n\in\mathcal{N} \\ C5: \delta_{i,i',n} \in \{0,1\}, \forall i,i'\in\mathcal{I}, n\in\mathcal{N} \\ C6: \phi_{i,n} \in \{0,1\}, \forall i\in\mathcal{I}, n\in\mathcal{N} \end{cases} \quad (5.24)$$

式中：$\mathcal{N}_i$ 为与卫星 i 相连的终端集合；$C1$ 表示将每颗卫星的发射功率限制在卫星功率预算 P_{sat} 及以下；$C2$ 表示将每个波束的发射功率限制在波束功率预算 P_{beam} 及以下；$C3$ 表示每颗卫星最多可以与 B 个终端通信；$C4$ 表示每个终端最多可以关联 $I_{\max}$ 颗卫星。

5.4.2 多波束协作调度方法

$\mathcal{OP}_1$ 是一个非线性混合优化问题，由于复杂的目标函数、耦合的功率、混合整数的解码顺序变量和卫星到终端关联变量，该问题很难求解。一种可行的方法是采用交替优化。因此，本节将 $\mathcal{OP}_1$ 分解为两个子问题：卫星到终端关联问题与联合功率分配和解码顺序决策问题，并设计相应的算法来分别进行求解。最后，本节提出一种迭代算法，集成了每个阶段的两种算法以实现所有变量的联合优化。

5.4.2.1 卫星到终端的关联

在卫星—终端的关联过程中，假设每颗卫星在波束之间平均分配发射功率，且解码顺序按照等效信道增益的降序排列。在此基础上，$\mathcal{OP}_1$ 可以重新表述为多对多的双边匹配问题。从匹配理论的角度来看，卫星集和终端集是两个不相交的集，它们的元素充当理性的参与者，自私地最大化自己的利益度量。如果第 n 个终端与第 i 个卫星相关联，则令 $(\text{Sat}_i, \text{Ter}_n)$ 表示相对应的匹配对。为了介绍基本的匹配策略，首先给出以下定义。

定义 1：给定 $\mathcal{I}$ 的两个子集，即 $\mathcal{I}_n$ 和 $\mathcal{I}_n'$，作为 Ter_n 的两个备选卫星集。对于 $\mathcal{N}$ 中的任意终端，它总是倾向于和能够使其自身获得更大提供容量的卫星子集相匹配。因此，Ter_n 对 $\mathcal{I}_n'$ 不同终端的偏好为

$$\mathcal{I}_n \succeq_{\text{Ter}_n} \mathcal{I}_n' \Leftrightarrow R_n^{\text{off}}(\mathcal{I}_n) \geqslant R_n^{\text{off}}(\mathcal{I}_n'), \mathcal{I}_n, \mathcal{I}_n' \subseteq \mathcal{I} \quad (5.25)$$

定义 2：记 $\mathcal{N}_i$ 为存在于 Sat_i 覆盖范围内的终端索引集。类似地，Sat_i 对 $\mathcal{N}_i$ 不同终端的偏好为

$$\text{Ter}_n \succeq_{\text{Sat}_i} \text{Ter}_{n'} \Leftrightarrow R_{i,n}/R_n^{\text{req}} \geqslant R_{i,n'}/R_{n'}^{\text{req}}, n, n' \in \mathcal{N}_i, \quad (5.26)$$

这表明卫星总是更喜欢能够从卫星本身获得更高 RCSR 的终端。由此，定义一个降序集 $\mathcal{P}_{\text{Sat}}(i) = \{1, \cdots, n_i, \cdots, N_i\}$，$\text{Sat}_i$ 的偏好列表包含 $\mathcal{N}_i$ 的所有元素。

根据上述定义，我们提出一种基于 Gale-Shapley 算法的匹配策略。具体而言，假设所有卫星的偏好列表都是预先确定的，并且在匹配过程中保持不变。在此基础上，每颗卫星按照 $\mathcal{P}_{\text{Sat}}(i)$ 的顺序依次向对应的终端发出匹配请求。这些等待响应的卫星的索引构成了每个终端的请求列表，记为 $\mathcal{R}$。为便于表示，定义 $ML_{\text{Sat}}(i)$ 为第 i 颗卫星的匹配列表，里面存储着卫星为所有与其匹配的终端分配的发射功率；同理，令 $ML_{\text{Ter}}(n)$ 为第 n 个终端的匹配列表，里面存储所有与终端 n 匹配的卫星的序号，以及这些卫星分配给终端 n 的发射功率。当没有卫星向终端发出请求匹配申请时，整个匹配过程结束，偏好列表中存储的匹配结果则是最终的卫星终端连接关系结果。

算法 5.1：终端主导的匹配算法

输入：预先设定的偏好列表 $\mathcal{P}_{\text{Sat}}$

输出：卫星终端连接关系 ϕ^*

1: 令变量 Flag = 1

2: 初始化匹配列表为空集

3: **while** Flag = 1 **do**

4:     令请求列表 $\mathcal{R} = \varnothing$ 且令 Flag = 0

5:     **for** $i = 1: I$ **do**

6:        **if** $\mathcal{P}_{\text{Sat}}(i) \neq \varnothing$ 且 $|ML_{\text{Sat}}(i)| < B$ **then**

7:           令 Flag = 1 且 $n = \mathcal{P}_{\text{Sat}}(i)[1]$，添加 $\{i\}$ 到 $\mathcal{R}(n)$ 中且设此时对应的发射功率值为 $p_{i,n} = P_{\text{Sat}}/B$，并且将偏好列表 $n = \mathcal{P}_{\text{Sat}}(i)$ 中存储的第一个元素删掉

8:        **end if**

9:     **end for**

10:     **if** Flag = 1 **then**

11:    **for** $n=1:N$ **do**

12:       **while** $|\mathcal{R}(n)| \neq 0$ **do**

13:          **if** $\{\mathcal{R}(n)[1] \cup ML_{\text{Ter}}(n) \succeq_{\text{Ter}_n} ML_{\text{Ter}}(n)\}$ **then**

14:             添加 $\{\mathcal{R}(n)[1]\}$ 到 $ML_{\text{Ter}}(n)$ 中

15:             **if** $|ML_{\text{Ter}}(n)| > I_{\max}$ **then**

16:                 $\hat{j} = \underset{1 \leqslant j \leqslant I_{\max}+1}{\arg\max} R_n^{\text{off}}\{ML_{\text{Ter}}(n) \setminus \{ML_{\text{Ter}}(n)[\hat{j}]\}\}$

17:                 设置 $ML_{\text{Ter}}(n) = ML_{\text{Ter}}(n) \setminus \{ML_{\text{Ter}}(n)[\hat{j}]\}$

18:             **end if**

19:          **end if**

20:          将请求列表中的第一个元素删掉

21:       **end while**

22:    **end for**

23: **end if**

24: **end while**

5.4.2.2 联合功率分配和解码顺序决策

假设卫星终端连接关系 ϕ 已经给定，$\mathcal{OP}_1$ 可以等价于

$$(\mathcal{OP}_2) \quad \max_{\boldsymbol{p},\boldsymbol{\delta}} \min_{n \in \mathcal{N}} \left(R_n^{\text{off}} / R_n^{\text{req}} \right) \tag{5.27}$$
$$\text{s.t.} \quad \text{C1, C5, C7:} \; p_{i,n} \leqslant P_{\text{beam}}, \forall i \in \mathcal{I}_n, n \in \mathcal{N}$$

由于在发射功率 $\boldsymbol{p}$ 固定时可以确定解码顺序，将其重新表述为

$$(\mathcal{OP}_3) \quad \max_{\boldsymbol{p}} \min_{n \in \mathcal{N}} \left(R_n^{\text{off}} / R_n^{\text{req}} \right) \tag{5.28}$$
$$\text{s.t.} \quad \text{C1, C7}$$

$\mathcal{OP}_3$ 是典型的广义分数问题，对应的最优解满足如下定理：

定理 1：为所有可能的功率分配方案定义一个辅助变量 $\chi = \min\limits_{n \in \mathcal{N}} \dfrac{R_n^{\text{off}}}{R_n^{\text{req}}}$，则最优 χ^* 和最优功率分配 $\boldsymbol{p}^*$ 满足

$$\chi^* = \max_{\boldsymbol{p}} \min_{n \in \mathcal{N}} \left(R_n^{\text{off}} / R_n^{\text{req}} \right) = \min_{n \in \mathcal{N}} \left[R_n^{\text{off}}(\boldsymbol{p}^*) / R_n^{\text{req}} \right] \tag{5.29}$$

式中：$\boldsymbol{p}^*$ 可被解出当且仅当

$$\max_{\boldsymbol{p}} \min_{n \in \mathcal{N}} \left[R_n^{\text{off}} - \chi^* R_n^{\text{req}} \right] = \min_{n \in \mathcal{N}} \left[R_n^{\text{off}}(\boldsymbol{p}^*) - \chi^* R_n^{\text{req}} \right] = 0 \tag{5.30}$$

由于最优 χ^* 通常事先是未知的，我们引入另一个辅助变量 λ 来重新制

定 OP_3。根据定理 1，将 χ^* 替换为更新参数 $\bar{\chi}$，则 OP_3 可以等价于以下问题：

$$(OP_4) \quad \max_{p} \quad \lambda \\ \text{s.t.} \quad C1, C7, C8: R_n^{\text{off}} - \bar{\chi} R_n^{\text{req}} \geqslant \lambda, \forall n \in \mathcal{N} \tag{5.31}$$

显然，对于给定的 $\bar{\chi}$，OP_4 是一个凸优化问题，可以通过拉格朗日对偶方法解决，而整体最大—最小问题 OP_3 和最优 χ^* 问题可以通过 Dinkelbach 算法有效解决。此外，注意到解码顺序与发射功率耦合变化，在这一点上，提出一种联合功率分配和解码顺序决策算法，根据每次迭代中的功率分配结果动态更新解码顺序。

5.4.2.3 迭代算法设计

结合基本匹配策略及联合功率分配和解码顺序决策算法，可以获得给定偏好列表的联合资源分配结果。然而，卫星的偏好列表会随着匹配结果的不同而变化。具体而言，对于一颗卫星，其关联终端的不同匹配结果会影响星间干扰值，进而改变关联终端在偏好列表中的顺序。因此，根据上一次迭代的资源分配结果对所有卫星的偏好列表进行迭代，以近似不同卫星偏好之间存在的相互依赖关系。

由于进行了优化处理，在所有当前匹配结果中不断寻找局部最优解，因此使得所提出的更新匹配算法可以收敛到次优解。

5.4.3 性能评估

本节评估异步非正交协作传输模式在低轨卫星网络中的优越性以及所提联合资源分配算法的有效性。

5.4.3.1 仿真设置

首先，设定仿真时系统中卫星的数量 $N=6$，终端的数量 $M=24$。考虑低轨卫星覆盖范围有限，且防止网络密度过高造成的数据传输拥塞，在实际应用时通常设定较少数量的一组卫星完成协作通信，其他主要仿真参数设置如表 5.5 所示。

表 5.5　主要仿真参数

参数	设定值
频带	S 波段（2 GHz）
带宽 W	20 MHz
轨道高度 H	1200 km

(续)

参数	设定值
每颗卫星的波束数 B	8
每个卫星的波束功率预算 P_{beam}	120 W
卫星电力预算 P_{Sat}	400 W
卫星最大增益	24 dBi
卫星波束直径	190 km
终端天线增益	0 dBi
发射天线温度	290 K
信道模型	瑞利慢衰落信道
滚降系数	0.5

此外，为了对非对称流量请求进行建模，将 $\overline{R}^{\text{req}}$ 表示为平均请求容量。在每次模拟中，随机生成一组长度为 N 的数据，其均值为 $\overline{R}^{\text{req}}$，方差为 $\sigma^2 = 0.05$，以此作为所有终端的请求容量值。最后，总体结果表现为 200 次蒙特卡罗模拟的平均值。

5.4.3.2 不同传输方式性能比较

在图 5.13 中，比较了异步、同步和启用正交多址接入（Orthogonal Multiple Access，OMA）的传输之间的 MRCSR 性能。不失一般性，本节用提出的更新匹配算法对上述三种传输模式进行了仿真。图 5.13 中的结果表明，对比同步非正交协作传输模式和正交非协作传输模式，协作传输可以带来大约 12% 的性能增益。而对比异步非正交协作传输模式与同步非正交协作传输模式，利用协作传输中的时间异步性可以带来大约 7% 的性能增益。这是因为当干扰与所需信号异步叠加时，由于接收滤波器与干扰不匹配，但与信号匹配，从而使得干扰的功率降低。总体而言，利用异步确实在最大-最小公平性方面表现更好，并且具有更高的吞吐量，证明了所提出网络模型的优越性。

5.4.3.3 不同算法的传输性能比较

图 5.14 说明了所提出的更新匹配算法的性能。为了比较，以下算法被用作基准：

（1）信道偏好匹配：根据等效信道增益构建和更新偏好列表。

（2）随机匹配：在卫星和终端之间进行随机匹配。

（3）功率平均分配：平均分配发射功率，即 $p_{i,n} = P_{\text{Sat}}/B, \forall i \in \mathcal{I}_n, n \in \mathcal{N}$。

（4）信道偏好功率分配：为信道条件较好的波束分配更多的发射功率。

图 5.14 描述了不同算法下的 MRCSR 性能，从图中可以看出，所提出的算法优于其他基准。具体来说，对比提出算法、信道偏好匹配算法与随机匹配算法可知，提出算法相较信道偏好匹配算法带来大约 9% 的性能提升，证明了提出偏好准则的有效性；而提出算法相较随机匹配算法带来大约 39% 的性能提升，证明了提出匹配算法的有效性。至于不同的功率分配方案，对比提出算法、功率平均分配算法和信道偏好功率分配算法，提出算法相较功率平均分配算法能够提供大约 20% 的性能增益，而提出算法相对于信道偏好功率分配算法可提供大约 61% 的性能增益。对于功率分配方案而言，由于我们的目标是提出一种公平策略，而信道条件越好、分配的功率越多进一步加剧了不公平性，导致信道偏好功率分配算法的性能最差。

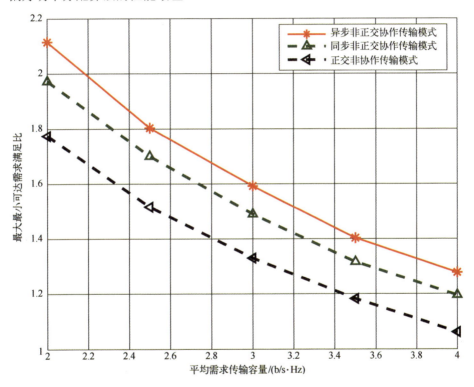

图 5.13 不同传输模式下的最大-最小 RCSR 性能

由此可见，在下行隐蔽传输链路中，多波束协作传输可以为地面隐蔽终端接收带来额外增益，能够在保证落地功率谱密度不变的情况下，有效降低天基平台的发射功率，从而提升多域跨尺度条件下跨域协同隐蔽系统的保密容量，抵御敌方基于低轨卫星等空天平台的信号侦听手段。

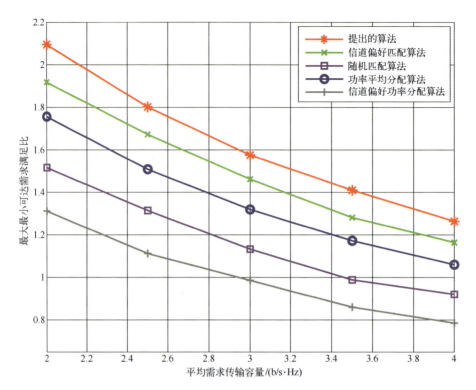

图 5.14 ▎不同算法下的最大最小可达需求满足比性能

5.5 > 星地协同隐蔽传输

星地协同隐蔽传输旨在联合运用空间段与地面段差异化的先验信息和设备能力,获取侦听方不具备的信号传输增益,在受到外部的恶意攻击和侦听时,进一步降低侦听方的检测概率,提升其侦听代价。

其中,重点考虑多颗卫星节点与多个地面隐蔽终端的协作发送与接收,包括引入先验信息以提高侦听方接收代价的星强地巧联合隐蔽通信传输,以及利用多颗卫星节点协作来实现信息渗流发送与接收的多星多终端组网渗流隐蔽通信技术,旨在增强跨域星地协同下的隐蔽传输性能,保障跨域协同场景数据传输安全。

5.5.1 星强地巧联合隐蔽通信

与多波束协作不同,星强地巧隐蔽传输要求运用我方收发系统的信息优势获得隐蔽容量增益,需要充分利用星地设备的先验信息降低我方接收的代价或者提升侦听方侦听的代价。

半永久性调度（Semi-Persistent Scheduling, SPS）是在星地间引入先验知识、降低信令交互的一种有效方法[12]。卫星节点在某个时隙内使用 SPS 资源指定地面隐蔽终端所使用的无线资源，之后每过一个周期，地面隐蔽终端就使用该 SPS 资源来收发数据，卫星无需在该子帧下通过物理下行控制信道（Physical Downlink Control Channel，PDCCH）来指定分配资源在架构中的位置，可以有效降低星地隐蔽通信系统的信令交互。

SPS 的特点是实现"一次分配，多次使用"。与动态调度时在每个子帧内为地面隐蔽终端分配一次无线资源不同，SPS 允许卫星节点半静态配置无线资源，并将该资源周期性地分配给某个特定的地面隐蔽终端。因此，SPS 的使用让卫星不需要在每个时隙都为地面隐蔽终端发送上行控制信令或下行控制信令（Downlink Control Information，DCI），从而降低了对应控制信道的开销，同时降低了控制信令被截获的概率。对于 SPS 传输，主要有 3 个关键的步骤，即 SPS 传输的激活、SPS 传输的混合自动重传请求（Hybrid Automatic Repeat reQuest，HARQ）过程和 SPS 传输资源的释放。在现有的半静态调度的 PDCCH 校验机制中，地面隐蔽终端除了接收相应的掩码外，还需要检查 PDCCH 中固定的比特位是否设置为预先规定好的值，只有这部分预先约定的比特位全部为设定的值时，地面隐蔽终端才认为该 PDCCH 为半静态调度传输的激活信令，其中固定的比特位如表 5.6 所示。

表 5.6 半静态调度授权信息中的固定比特位

项目	DCI 格式 0	DCI 格式 1/1A	DCI 格式 2/2A
上行物理信道的功率控制命令	设置为 00	N/A	N/A
解调参考信号的循环移位	设置为 000	N/A	N/A
调制编码方式和冗余版本	最高位设置为 0	N/A	N/A
HARQ 进程号	N/A	FDD：设置为 000；TDD：设置为 0000	FDD：设置为 000；TDD：设置为 0000
调制编码方式	N/A	最高位设置为 0	激活的传输块：最高位设置为 0
冗余版本	N/A	设置为 00	激活的传输块：设置为 00

将 SPS 引入星地协同隐蔽通信系统的难点在于如何与动态调度/随机接入等实现有效平衡，因此，需要研究响应资源有效规划和调度方法。此外，由于 SPS 的半静态性，若误解调或者错过解调，都会造成比较严重的后果。前者可能会在很长一段时间内去尝试接收不属于自己的资源直到再次收到释放为止，

后者会错过大量本属于自己的数据包，造成中断直到基站再次发送激活，因此在星强地巧联合隐蔽系统中需要针对性对 SPS 的激活释放等流程做特殊的设计，使其适应星地传输的系统特性。

5.5.2　多星多终端组网渗流隐蔽通信

针对下行传输，星上采用存储转发等机制，在不同位置多个地面隐蔽终端接力接收，完成完整信息的传输，并通过多颗卫星节点的协作，实现信息的渗流发送与接收，在保证对地面隐蔽终端数据传送可靠性的同时，降低侦听方的侦听概率，使多星协作数据安全性得到根本保障。

卫星隐蔽通信网络中节点体积小、功耗低，导致其处理能力低、电池电量受限。为了实现大规模应用，其网络应该可快速、灵活、低成本、低功耗部署以及以极低成本运营维护甚至免维护，因此需要全新的路由技术。在多星协作隐蔽通信系统中，节点比较容易接收到邻居节点发送的信息，而很难与比较远的节点直接进行通信。按照六度空间理论，在这样的网络中，每个节点能够随机地与网络中若干节点关联，任意两个节点之间经过少数几次转接就能够以非常高的概率建立连接关系。因此，多星协作隐蔽传输系统中任意一个节点想要向其他某节点发送数据，只需要将数据交给"最可能"能够将自己的数据转给目的节点的"近邻"，其受托"近邻"按照同样的原则将数据进行转发即可。

在传输过程中，如果卫星节点将数据拆分为多份，将这些数据交给多个"近邻"转发，每一受托"近邻"代转其中若干份，就可以在发送和目的节点之间建立多条"路由"。如果这些数据都完整地转发到目的节点，且目的节点知道各份数据的顺序，即可恢复源数据。但实际的网络中，这种基于概率转发的路由，其部分数据可能无法传送到目的节点。另外，链路可能存在差错，这些都会造成源数据无法恢复。解决此问题的方案是发送节点将数据进行编码后拆分，这样即便网络中部分分组丢失，只要目的节点接收到足够的数据包，就可以恢复源数据，无须反馈重传。

这种在源节点将数据进行编码后拆分，然后通过多个路由并行转发，目的节点将各路转发来的数据进行"组装"并解码恢复源数据的过程，称为"渗流"过程。相应的路由协议称为"渗流"路由协议。这正如水源通过多孔的材质进行"渗流"，每一渗流孔可能很小，但涓涓细流汇成江河，最终可实现高速的并行数据传送能力。渗流网络及其数传原理如图 5.15 所示，源节点对数据进行喷泉编码，选择多条并行路径传输，目的节点收到足够数量的喷泉包即可恢复源数据。在这种渗流网络系统中，即使路径中的部分节点失效，也不会影响数据的可靠传输，可很好地适应多星协作的动态变化。

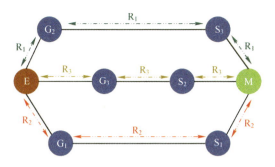

图 5.15 渗流网络及数传原理

接下来讨论渗流数传的协议设计。设网络中一个节点与一个或多个节点连接，当每个节点和另一个节点具有无须其他节点转接的直接连接关系时，定义此二节点互为近邻。多星协作系统中每个节点和网络中一个或多个节点形成近邻关系，将其中一个节点和近邻之间的直接连接关系定义为链路。在网络中，任意两个节点不为近邻关系时，可通过有限次转接进行连接。多星协作系统中任意两个节点之间通过有限次转接建立一个连接关系，从其中一个节点到达另一个节点的连接通路中所有中间节点和链路构成的集合称为这两个节点间的一条路由。从整个网络观察，当节点数量很大时，网络中每个节点动态地可与一些节点关联，因此网络中任意一个节点想要向其他某节点发送数据，只需要将数据交给"最可能"能够将自己的数据转给目的节点的一个或多个近邻。按照这种方式，网络中任意两个节点可建立一条或多条路由。

在上述网络结构中，每个节点本身带有路由信息，其中包含的内容为：

（1）本节点的近邻节点数量，即从本节点无需转接可直达的节点数目。

（2）本节点的近邻节点名称列表，这些近邻的名称可以是节点的全局名称，也可以是本节点根据其相对于本节点位置等信息编制的用于区分各近邻节点的本地名称。

（3）本节点的近邻节点地址列表，该列表枚举出本节点近邻的地址，节点地址是网络中用以标识节点的编号，可以是节点的 IP 地址，也可以是网络中的本地编号，不同节点具有不同的地址。

（4）本节点通过近邻节点可达网络各节点的度量列表。从本节点出发到网络中另一节点，可能通过其中部分近邻经一次转接就可以到达，也可能经过另一部分近邻需要两次或两次以上转接才能到达，甚至可能通过一部分近邻无法到达。通过近邻节点可达网络某目的节点的度量反应从本节点经过特定近邻可达目的节点的难易程度，经特定近邻可迂回到达目的节点的路径数越多，此度量值越大。对于本节点未知的目的节点，在本节点第一次参与其选路时，可将度量值的初始值设为 0。

(5) 本节点与各近邻节点直达路由的带宽列表。

(6) 本节点通过近邻节点可达网络各节点的带宽列表。该列表枚举从本节点出发到网络中另一节点的历史数据带宽，对于本节点未知的目的节点，此带宽初始值可设置为一个预设的最小值。

在星地协同隐蔽传输系统中运用渗流网络协议具有如下优点：第一，网络数据传送可靠性很高，无须反馈重传。源端将数据采用适当的编码再进行传送，目的节点只要收到足够的数据就可以恢复源数据，在多星协作过程中即使部分分组丢失、部分渗流节点损毁造成中断也不会造成数据无法恢复，不需要采用反馈重传的方式保证数据可靠性，减少了网络带宽开销，降低了网络协议的实现复杂度，有利于更好地适应多颗卫星协作过程中的动态变化。第二，多星协作数据安全性得到根本保障。源数据经编码后拆分，除源节点和目的节点外，其他任何中间节点都只有源数据的部分编码分组，即便中间节点完全掌握编码方法，也因为得不到足够的数据量从物理上无法恢复源数据，因此无法窃取发送信息；由于数据信息经过编码，编码数据是可以校验的，不满足校验方程的数据将被抛弃，因此只要编码方法设计合理，就可以有效防止非法节点混入网络，从而实现跨域协同隐蔽通信系统的隐蔽数据可靠传输。

5.6 本章小结

本章主要介绍了跨域协同隐蔽通信中的若干关键技术，并对其进行了分析。首先概述了其架构及特点，在此基础上，针对跨域低开销协作机制所面临的问题，重点研究了星地隐蔽条件约束下采用适配空天大延时、高动态链路特征的跨域协同处理算法和信息交互机制，具体考虑包括采样符号级、解调信息级、算法协作级的协同与交互机制，以提高跨域协同通信系统容量和接入效率。然后对上行多星协作隐蔽信号接收技术及下行多波束协作隐蔽传输技术展开了介绍，采用多星协作获得空间分集增益，提升接收信噪比，抵御敌方在地面部署的信号侦听手段，并通过多波束协作降低天基平台的发射功率，抵御敌方基于低轨卫星等空天平台的信号侦听手段。此外，本章还介绍了运用空间段与地面段差异化的先验信息和设备能力的星地协同隐蔽传输技术，以获取侦听方不具备的信号传输增益，进一步降低侦听方的检测概率，提高其侦听代价。

参 考 文 献

[1] Chaudhry A U, Yanikomeroglu H. Laser Intersatellite Links in a Starlink Constellation: A Classification and Analysis[J]. IEEE Vehicular Technology Magazine, 2021, 16(2): 48-56.

[2] Pachler N, Portillo I, Crawley E F, et al. An Updated Comparison of Four Low Earth Orbit Satellite Constellation Systems to Provide Global Broadband[C]// IEEE International Conference on Communications Workshops, 2021, 1-7.

[3] An J, Wang K, Wang S, et al. Antenna Array Calibration for IIoT Oriented Satellites: From Orthogonal CDMA to NOMA[J]. IEEE Wireless Communications, 2020, 27(6): 28-36.

[4] Arti M K. Data Detection in Multisatellite Communication Systems[J]. IEEE Transactions on Aerospace and Electronic Systems, 2020, 56(2): 1637-1644.

[5] 王虎威, 叶能, 安建平. 面向低轨卫星星座的多星协作信号检测技术[J]. 中兴通讯技术, 2021, 27(05): 12-17.

[6] Chung J, Kim J, Han D. Multihop Hybrid Virtual MIMO Scheme for Wireless Sensor Networks[J]. IEEE Transactions on Vehicular Technology, 2012, 61(9): 4069-4078.

[7] Chang H, Wang L. A Low-Complexity Uplink Multiuser Scheduling for Virtual MIMO Systems[J]. IEEE Transactions on Vehicular Technology, 2016, 65(1): 463-466,

[8] Soorki M N, Manshaei M H, Maham B, et al. On Uplink Virtual MIMO with Device Relaying Cooperation Enforcement in 5G Networks[J]. IEEE Transactions on Mobile Computing, 2018, 17(1): 155-168.

[9] Verdu S. Minimum Probability of Error for Asynchronous Multiple Access Communication Systems[C]// IEEE Military Communications Conference, 1983: 213-219.

[10] Chu J, Chen X, Zhong C, et al. Robust Design for NOMA-Based Multibeam LEO Satellite Internet of Things[J]. IEEE Internet of Things Journal, 2021, 8(3): 1959-1970.

[11] Wang A, Lei L, Lagunas E, et al. NOMA-Enabled Multi-Beam Satellite Systems: Joint Optimization to Overcome Offered-Requested Data Mismatches[J]. IEEE Transactions on Vehicular Technology, 2021, 70(1): 900-913.

[12] Karadag G, Gul R, Sadi Y, et al. QoS-Constrained Semi-Persistent Scheduling of Machine-Type Communications in Cellular Networks[J]. IEEE Transactions on Wireless Communications, 2019, 18(5): 2737-2750.

第 6 章
智能隐蔽通信

近来，卫星物联网的建设已成为美、欧、日等科技强国新一轮太空竞赛的焦点。随着卫星数量和物联网业务的不断增长，空天隐蔽通信系统需要承载的通信业务日趋多样，所面临的电磁干扰环境日益复杂，亟需灵活的隐蔽通信波形、高效的隐蔽通信方案和自适应的隐蔽传输策略在犬牙交错的电磁干扰环境下实现低时延、高并发的空天隐蔽通信。智能隐蔽通信，即将人工智能技术引入隐蔽通信领域，通过数据驱动的模式训练机器学习模型，挖掘信号参数与设计指标间的内在联动关系，从而实现信号特性与通信环境的最佳适配及高效的隐蔽通信。6.1 节探讨深度学习与无线通信间的内在联系，分析深度学习应用于无线通信的可行性。6.2 节设计一种智能频谱预测算法，展示深度学习在频谱预测的应用潜力。6.3 节从信号生成的角度讨论基于生成对抗网络的隐蔽通信波形设计。6.4 节从信号接收的角度讨论多用户通信场景下的智能隐蔽通信接收机设计。6.5 节浅析智能功率控制与波束赋形技术在空天隐蔽通信中的应用。6.6 节对本章主要内容进行梳理和总结。

6.1 深度学习与智能通信

人工智能可以进行数据的分类、推断、拟合、聚类以及优化等，其核心为数据处理和模型训练，被誉为引领科技变革的颠覆性技术，引起了国内外研究人员的高度重视。近几年，伴随海量数据规模、高性能计算平台以及创新网络架构的涌现，以深度学习（Deep Learning）为代表的人工智能技术呈现出爆炸式的发展态势。人工智能的研究和应用在棋类对抗、图像识别、语言翻译等多个领域取得了快速进展，成为了产业界和学术界竞相追逐的技术至高点[1]。

深度学习启发自生物神经系统具有的层次结构，通过抽取原始信号不同层次特征的分布式表征（Distributed Representation），并利用源自深层结构的通用近似（Universal Approximation）特性和函数逼近能力，最终在计算机视觉、语音识别和自然语言处理等领域展现出超越人类的学习和判断能力[2]。如图 6.1

所示，深度学习经典的基本构筑块包括深层神经网络（Deep Neural Networks，DNN）、卷积神经网络（Convolutional Neural Networks，CNN）、循环神经网络（Recurrent Neural Networks，RNN）等。目前，以深度学习为代表的人工智能技术已经与移动通信紧密耦合，智能通信已被广泛认为是第六代移动通信技术（6G）的核心技术之一。伴随半导体技术，包括 PC 端 GPU（Graph Processing Unit）和移动终端 NPU（Neural Processing Unit）的更新迭代，人工智能与移动通信技术的融合有望使能全新的无线通信技术和移动需求。

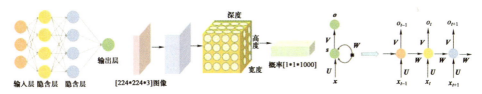

图 6.1 | DNN、CNN、RNN 结构示意图

传统通信理论期望对通信系统构建精准的数学模型，并采用模块化设计思路实现逐模块性能调优。然而，这种思路可能无法建模未来无线通信中复杂的通信场景，也隔绝了系统整体优化的可能。相比于传统通信理论，深度学习的核心思路是：在不确知数据内部关系时，利用对数据的简单先验和通用的模型结构进行训练，实现广泛场景下的较优性能。因此，引入深度学习技术的智能通信可以根据自顶而下的思路优化无线通信的底层技术，利用具有强大学习能力和通用近似特性的深度神经网络，模拟复杂且结构未知的通信系统，并采用数据驱动（Data-Driven）方式实现通信系统整体的端到端优化[3]，现有的相关研究成果已经展现出了这种思路的潜在性能增益。为应对未来通信场景带来的挑战，需要上述两种思路的融合设计——利用深度学习的通用模型和优化技巧，引入通信理论和模块结构等专家知识，实现泛化能力和技术性能的联合突破。目前，深度学习已经成功应用于无线通信物理层的不同功能模块，其不仅可以根据各种复杂的无线环境来选择最适合传输的调制编码方案，也可应用于信号检测、信道估计、用户检测与资源分配等方面。

在信源、信道编码方面，深度学习可有效提升编译码效率[4]。例如，针对各种高密度奇偶校验码，可运用深度学习的方法对置信传播（Belief Propagation，BP）等传统译码算法进行如图 6.2 所示的改进以提升译码性能[5]。针对 BCH 码解码，可采用 RNN 解码器等来优化译码过程，降低计算复杂度，实现接近最佳短 BCH 码解码性能[6]。

深度学习网络还可用于信号检测。基于深度学习的信号检测方案有望更准确地识别出传输信号，降低错误概率。深度学习可以利用信号与标签样本集合对星座图解调进行学习，通过训练样本优化神经网络参数，在测试时将训练好的神经网络应用到解调器中[7]。针对FTN（Faster-Than-Nyquist）等具有符号间干扰（Inter-Symbol Interference，ISI）的信号波形，传统信号检测方法需要采用迭代等方式降低自干扰，采用深度学习可以不考虑信号结构约束，直接完成叠加信号到解调结果的映射，实现复杂信号高效检测[8]。

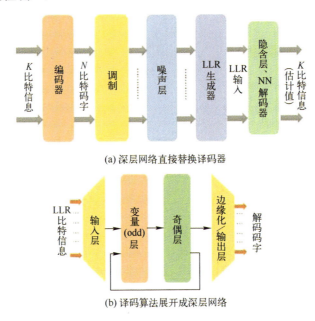

图 6.2 深层网络改进译码方法示意图

除了实现单一模块的优化外，深度学习算法还可用于通信系统的端到端联合优化。采用深度学习增强无线通信的基本范式是将无线通信系统视为端到端自动编码器，该方法适用于点对点通信系统、MIMO通信系统和多用户通信系统。对比传统的调制方法（如BPSK和QAM）和纠错码（如汉明码），基于自动编码器的系统性能在MIMO通信系统中能将块差错率（Block Error Ratio，BLER）降低近一个量级[9]。

深度学习还可用于资源分配方案设计。传统的资源分配方法主要是从具有前提假设的系统模型中推导出最优的资源分配策略，而基于深度学习的方法则可以直接从实际信道数据中自适应地得出最优的资源分配策略。

综上所述，深度学习作为一种通用的函数逼近器，在通信技术中已经有了诸多应用。其在空天通信系统中的使用有望提升信号传输的隐蔽性和可靠性，实现信号参数、信号处理算法和传输策略的灵活可重构以适应复杂多变的电磁干扰环境，满足多元并发的业务需求。

6.2 智能频谱预测

频谱预测是一种和频谱感知相辅相成的技术，旨在为通信网络提供准确的频带占用预测，让次级用户发现并访问当前的频谱空洞，在不干扰主用户通信的前提下最大化网络的频谱效率。

在卫星隐蔽通信中，对于当前频谱的了解至关重要。首先，由于卫星通信处在一个相对开放的空间，对应频带内的频谱占用情况会极大地影响通信的可靠性和隐蔽性。通过频谱预测技术，用户可以根据当前的频谱背景灵活选择自己通信的频点、带宽、跳扩频方式，以此主动绕开有可能对通信性能有严重干扰的信道。其次，当前频谱中正在占用的信号也可被用作掩体信号。因此可以在保证实现通信可靠性的基础上，提高通信的隐蔽性。最后，卫星与地面站之间的通信延迟远大于地面通信网络，致使认知得到的频谱实时性受到了严重的破坏。因此，卫星通信系统更加需要频谱预测技术，提前预测频谱状态，提高感知的准确性。

现有的频谱预测技术大多是基于线性模型来实现，也就是将历史频谱数据进行线性变化以得到未来的预测值。然而，基于线性模型的频谱预测技术仅仅局限于解决线性问题，在现实中，模型大多是非线性的。因此，在稍微复杂一些的场景下，基于线性模型的频谱预测算法无法保障预测的准确性。

近年来，基于深度学习的智能频谱预测方法逐渐成为热点。基于深度学习的智能频谱预测方法能够拟合多变的频谱模型，快速捕捉通信信道非线性变化特征，非常适用于信道快速动态变化的空天通信系统。本节提出一种基于长短期记忆网络的智能频谱预测方法，通过对时间序列化的频谱监测数据不断训练，进而分析用户用频活动规律并对未来时隙的信道占用度进行预测。

6.2.1 基于长短期记忆网络的智能频谱预测算法

长短期记忆网络（Long Short-Term Memory, LSTM）由循环神经网络发展而来。循环神经网络以序列数据为输入，在序列的演进方向进行递归，可以有效处理时间序列的预测问题。然而，循环神经网络会无选择保留输入记忆状态，导致网络内部无效信息量增长，进而引发在长序列训练过程中的梯度消失问题。

为了解决梯度消失问题，长短期记忆网络在循环神经网络的基础上加入了"三扇门"来实现对历史信息的流通控制，分别为输入门、遗忘门和输出门。其中，输入门决定当前输入的信息有多少被选择参与更新，遗忘门决定丢弃以前多少时刻的信息，输出门则用以控制状态变量的输出。当一组时序数据输入后，长短期记忆网络会根据相应的规则来判断判定是否有用——只有通过认证的信息才会留下，不符的信息则通过遗忘门被丢弃。相比于循环神经网络，长短期记忆网络会远离不健康的饱和状态，更倾向于保留序列中间隔相对较长但仍与未来趋势相关性较强的数据，从而提高预测精度。因此，长短期记忆网络在更长的序列中有更好的预测表现。

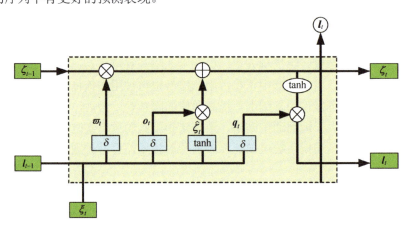

图 6.3 ┃ 长短期记忆网络架构

如图 6.3 所示，输入数据首先经过遗忘门。遗忘门作为选择忘记过去某些信息，所依照的公式为

$$\varpi_t = \delta\left(W_\varpi\left[\iota_{t-1}, \xi_t\right] + b_\varpi\right) \tag{6.1}$$

式中，ξ_t 为 t 时态输入数据；ι_{t-1} 为上一时态的输出信息（即上一步的隐含状态）；W_ϖ 为权重矩阵；b_ϖ 为偏置；δ 为 sigmoid 函数，且

$$\delta(\xi) = \frac{1}{1+e^{-\xi}} \tag{6.2}$$

当 $\delta(\xi)=1$ 时，对数据 ξ 记忆完全通过；当 $\delta(\xi)=0$ 时，记忆完全丢弃。

然后，信息经过输入门。输入门的作用为记忆现在的某些信息，所依照的公式为

$$o_t = \delta\left(W_o\left[\iota_{t-1}, \xi_t\right] + b_o\right) \tag{6.3}$$

其次，将过去与现在的记忆进行合并，所依照的公式为

$$\varsigma_t = \varpi_t \times \varsigma_{t-1} + o_t \times \tilde{\varsigma}_t \tag{6.4}$$

式中：$\tilde{\varsigma}_t = \tanh\left(W_\varsigma [\iota_{t-1}, \xi_t] + b_\varsigma\right)$。

再次，信息经过输出门。输出门所依照的公式为

$$q_t = \delta\left(W_q [\iota_{t-1}, \xi_t] + b_q\right) \tag{6.5}$$

最后，经过激活函数后得到输出信息

$$\iota_t = q_t \times \tanh(\varsigma_t) \tag{6.6}$$

在频谱预测过程中，将单位监测时间 Δt 定义为一个"时隙"，将频点在第 n 个时隙中处于被占用状态的时长 $\jmath_n$ 与时隙长度 Δt 的比值定义为频点占用度，用 $\Re_n$ 表示，即

$$\Re_n = \jmath_n / \Delta t \tag{6.7}$$

式中：$\Re_n \in [0,1]$，$\Re_n = 1$ 与 $\Re_n = 0$ 分别表示该频点被完全占用和完全空闲。

基于长短期记忆网络模型的智能频谱预测算法分为模型训练（用 A 表示）和频谱占用度预测（用 B 表示）两个阶段，步骤如下：

A．训练阶段

（1）频谱监测数据采集与预处理。通过频谱监测设备对一个特定频段的电磁频谱进行监测，采集到一段时长的电磁频谱数据。从频域时域等维度对频谱监测数据进行预处理，去除异常的和未占用的频点，对数据突变处进行滑动平均，并将频谱预测数据分为训练集和测试集两部分。

（2）频点占用分析。将训练集的采集时长按时隙长度 Δt 分为多个时隙，统计每个时隙所有频点各自的占用度，即可得到该频段在一段时间序列上的占用度集合：$\mathcal{R} = \{\Re_1, \Re_2, \cdots, \Re_n\}$。

（3）长短期记忆网络模型训练。将频段占用度集合输入至长短期记忆网络，通过有监督学习方法，学习该频段占用度的变化规律。在不断循环迭代之后，将长短期记忆网络的模型参数保存。

B．预测阶段

（1）测试数据输入。设测试集的开始时隙为 τ，将测试集的采集时长按时隙长度 Δt 分为多个时隙，初始化积累 k 个时隙，得到前置频点占用度序列 $\mathcal{R}_k = \{\Re_{\tau+1}, \Re_{\tau+2}, \cdots, \Re_{\tau+k}\}$。

（2）频点占用度预测。将前置频点占用度序列输入已经训练好的长短期记忆网络模型，长短期记忆网络的输出（即下一时隙的频点占用度）进行的预测，设为 $\Re_{\tau+k+1}$。

6.2.2 实验结果及分析

本节实验采集的频谱数据频段范围为中国移动 LTE 2615～2635 MHz，分为 2080 个频点，采样间隔 10 ms，整个数据采集实验持续 20 min。定义 100 ms 为一个时隙来统计频段占用度，最终可用数据为 12000 个，取其中 9750 个数据为训练集，2250 个数据为测试集。为了将长短期记忆网络学到的特征表示整合并映射到样本标记空间，在长短期记忆网络后面接入两个全连接层，以实现特征转换，长短期记忆网络模型所使用的超参数设置如表 6.1 所列。

表 6.1 参数设置

超参数	数值
长短期记忆网络层数	1
长短期记忆网络输出神经元个数	512
全连接隐藏层数	2
全连接隐藏层神经元个数	2048
隐藏层激活函数	ReLU
优化器	Adam
学习率	0.0001
训练批数量	256
前置序列输入长度	128

长短期记忆网络输入数据维度为频点数×前置序列长度，即 2080×128。经过长短期记忆网络输出全频段的单步预测结果，输出数据维度为频点数×预测序列长度，即 2080×1。为直观表示预测效果，在此随机抽取两个频点的预测结果进行展示。

图 6.4 给出了频点 2628.6 MHz 的预测结果。为避免信息冗余展示，此处仅给出前 1000 个点，即测试集前 10 s 的测试结果。从图 6.4（a）中可以看出，长短期记忆网络预测出的占用度和实际占用度非常接近；图 6.4（b）的纵坐标为预测误差，即均方误差（Mean Squre Error, MSE），可以看到长短期记忆网络预测误差始终保持一个较低的水平。

此外，图 6.5 给出了长短期记忆网络在频点 2622.5 MHz 的预测结果，同样取得了不错的预测效果，说明了长短期记忆网络预测模型适用于不同的频点和不同的占用度变化情况。

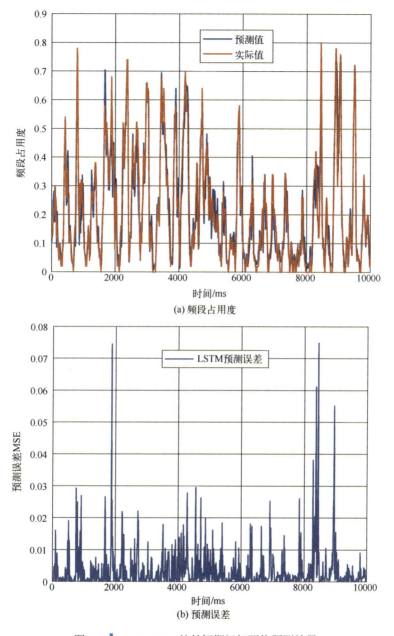

图 6.4 2628.6 MHz 处长短期记忆网络预测结果

到此为止,本节简述了基于长短期记忆网络进行智能频谱预测的研究思路,并利用实测数据初步验证了该方案在频谱预测方面的有效性,展示了智能频谱预测方案的性能潜力。

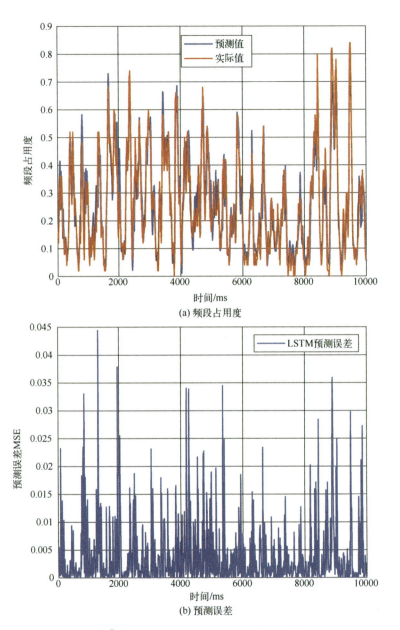

图 6.5 ┃ 2622.5 MHz 处长短期记忆网络预测结果

6.3> 智能隐蔽通信波形设计

在空天隐蔽通信中,电磁环境呈现复杂化和多变化趋势,基于固定模型设计的通信波形难以满足空天隐蔽通信需求。基于深度学习模型的通信波形设计方法通过不断输入环境信息和调整损失函数来驱动神经网络,实现对综合通信指标的优化,更加适合动态复杂的空天通信环境。本节提出了一种基于生成对抗网络的智能隐蔽通信波形设计方法。该方案以提高通信信息的隐蔽性为目标,利用发送方和接收方协同合作以及侦听方和发送方对抗的特性,训练生成对抗神经网络,从幅度和相位两个方面同时对通信信号的波形进行优化。

6.3.1 基于生成对抗网络的隐蔽通信波形设计

如图 6.6 所示,隐蔽通信系统主要由 4 个部分构成,分别是发送方(如地面基站或卫星)、接收方、侦听方和公开用户。侦听方尝试侦测发送方和接收方之间的信号传输,而发送方则尝试利用自己和公开用户间的通信信号作为掩护与接收方进行隐蔽通信。隐蔽通信方案能够在与信号侦测方法不断对抗的过程中得到改进和提升。受这一观点启发,本节探讨了如何利用生成对抗网络进行隐蔽通信波形的设计。

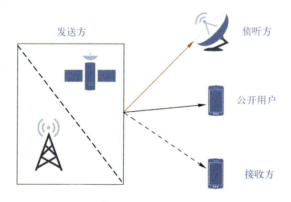

图 6.6 隐蔽通信系统物理模型

传统的生成对抗网络仅仅涉及生成器和鉴别器两方之间的博弈,而隐蔽通信不但需要关注发送方与侦听方间的对抗,还需要考虑发送方与接收方间的协作。因此,传统的生成对抗网络难以直接运用于隐蔽通信波形设计。针对这一问题,本节受新近提出的三方生成对抗网络启发搭建了一种适用于隐蔽通信波形设计的神经网络。如图 6.7 所示,该网络由信号生成网络、信号检测网络和信号解调网络等三部分组成,分别负责接收方的信号解调、发送方的信号生成和侦听方的信号侦测。下面具体介绍整个网络的工作流程和各个网络的损失函数设计。

为保证解调的效果,将信号解调网络隐藏层的神经元个数设置为

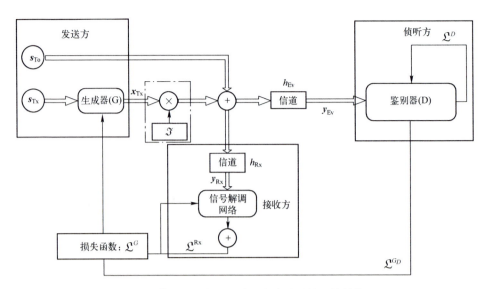

图 6.7 面向隐蔽通信的三方生成对抗网络结构

$$M_i = 2 \times M_{i-1} + 1 \tag{6.8}$$

式中：M_i 是当前层神经元个数；M_{i-1} 是上一层神经元个数。在实际运行神经网络时，可以根据神经网络的拟合情况适当的扩缩神经网络的规模，使得在保持网络规模较小的情况下尽可能匹配不同长度的输入信号，从而减小网络的训练时间。信号解调网络有 M_a 个输出神经元，对应星座点的大小。例如，QPSK 调制方式下 $M_a=4$，BPSK 调制方式下 $M_a=2$。

信号解调网络的输入是一段时间窗内的发送方向接收方发送的一串数字信号序列，每个输出神经元会输出一个数值 $p_{Rx,n,k}$，其中，$p_{Rx,n,k}$ 代表神经网络判决第 n 个信号出现在第 k 个星座点的概率，最大的 $p_{Rx,n,k}$ 所对应的信息即是接收信号所携带的信息。信号生成网络和信号检测网络中的神经元个数可以采用相同的方式进行设置。

6.3.1.1 面向隐蔽通信的三方生成对抗网络工作流程

发送方发送的信号分成 s_{To} 和 s_{Tx} 两个部分，其中，$s_{To}=\{s_{To,1}, s_{To,2}, \cdots, s_{To,N}\}$ 是公开用户发送的信息，$s_{Tx}=\{s_{Tx,1}, s_{Tx,2}, \cdots, s_{Tx,N}\}$ 是需要隐蔽传输的信息，其中 N 是发送方所传送的符号数。在信号发送前，发送方首先通过信号生成网络对需要隐蔽传输的信号 s_{Tx} 进行幅值和相位处理。处理后的信号可以表示为

$$\boldsymbol{x}_{Tx} = G(\boldsymbol{s}_{Tx}) = \{x_{Tx,1}, x_{Tx,2}, \cdots, x_{Tx,N}\} \tag{6.9}$$

随后，发送方将经过处理的信号 $\boldsymbol{x}_{Tx}$ 和公开用户的信号 $\boldsymbol{s}_{To}$ 进行叠加并发送。本节在接下来的分析中假设接收方和侦听方均已知其自身与发送方之间信道状

态。因此，发送方与接收方之间的通信信道和发送方与侦听方之间的侦听信道可以被视为加性高斯白噪声信道。此时，接收方所收到的信号为

$$y_{\text{Rx}} = h_{\text{Rx}}\left(X_{\text{Ro}} + \Im G(X_{\text{Rx}})\right) + z_{\text{Rx}} = \left\{y_{\text{Rx},1}, y_{\text{Rx},2}, \cdots, y_{\text{Rx},N}\right\} \quad (6.10)$$

式中：h_{Rx} 表示信号从发送方到接收方的信道系数；$\Im$ 为一个可选参数，用来控制信号生成网络输出信号幅值的大小；z_{Rx} 为接收方处的加性高斯白噪声。

类似，侦听方所收到的信号为

$$y_{\text{Ev}} = h_{\text{Ev}}\left(X_{\text{Ro}} + \Im G(X_{\text{Rx}})\right) + z_{\text{Ev}} = \left\{y_{\text{Ev},1}, y_{\text{Ev},2}, \cdots, y_{\text{Ev},N}\right\} \quad (6.11)$$

式中：h_{Ev} 表示信号从发送方到侦听方的信道系数；z_{Ev} 为侦听方处的加性高斯白噪声。

侦听方利用信号检测网络对接收的信号 y_{Ev} 进行处理。经过各层神经元后，信号检测网络的输出为一个常量 Λ_D。随后，将 Λ_D 与神经网络中提前设置好的阈值 V 进行比较。当 Λ_D 大于 V 时，信号检测网络判定环境中存在隐蔽通信信号；反之，则判定环境中没有隐蔽通信信号。经过隐蔽通信信号生成→阈值判决检测→隐蔽通信信号生成的不断循环迭代训练后，信号生成网络所生成的波形的隐蔽通信性能不断提升。最终，接收方通过信号解调网络对接收信号中的每一个信号单独进行处理，根据信号解调网络输出值的大小，将最大的数值所对应的信息作为最终的解调信息。

6.3.1.2 面向隐蔽通信的神经网络损失函数设计

（1）信号生成网络。位于发送方处的信号生成网络在生成隐蔽通信信号时，需要在保证信息传输质量的同时，尽可能地减少通信信号被侦听方发现的概率。因此，定义信号生成网络的损失函数为

$$\mathcal{L}^G = \phi \mathcal{L}^{G_D} + \varphi \mathcal{L}^{\text{Rx}} \quad (6.12)$$

式中：ϕ 和 φ 是两个参数；$\mathcal{L}^{\text{Rx}}$ 是信号解调网络的损失函数；$\mathcal{L}^{G_D}$ 是侦听方的判别结果反馈到信号生成网络后所得到的损失函数，即

$$\mathcal{L}^{G_D} = \sum_{n=1}^{N} \log\left(1 - D\left(y_{\text{Ev},n} | H_1\right)\right) \quad (6.13)$$

式中：H_1 表示环境中存在隐蔽通信信号；$y_{\text{Ev},n}|H_1$ 表示在有隐蔽通信信号时侦听方接收到的信号。生成器将输入的信号序列一并处理，而鉴别器采用单一信号判决的方式对信号进行逐一判决。在计算生成器的损失函数时，要将鉴别器的反馈结果处理成生成器的一个批处理。需要说明的是，通常随着信号幅值的增大，ϕ 的数值要逐渐减小，否则神经网络将会因为过于重视信号的隐蔽性而导致接收方信号解调的准确率急剧下降。

（2）信号检测网络。 信号检测网络主要用于判断环境中是否存在隐蔽通信行为。定义信号检测网络的损失函数为

$$\mathcal{L}^D = -\sum_{n=1}^{N} \log\left(\mathbb{P}\left(\boldsymbol{y}_{\text{Ev},n}|H_1\right)\right) - \sum_{n=1}^{N} \log\left(1 - \mathbb{P}\left(\boldsymbol{y}_{\text{Ev},n}|H_0\right)\right) \quad (6.14)$$

式中：$\mathbb{P}\left(\boldsymbol{y}_{\text{Ev},n}|H_1\right)$ 代表在有隐蔽通信行为的情况下，鉴别器成功检测出隐蔽通信信号的概率；H_0 表示环境中不存在隐蔽通信信号；$\mathbb{P}\left(\boldsymbol{y}_{\text{Ev},n}|H_0\right)$ 表示在无隐蔽通信行为的情况下，鉴别器错误检测出（即误判）隐蔽通信信号的概率。

（3）信号解调网络。 发送方信号在经过神经网络处理后，会失去原有的信号特征，需要重新探索对应的解调方法。因此，我们加入信号解调网络。信号解调网络的主要作用是在有噪声和公开用户通信信号干扰的情况下，通过神经网络直接拟合出高效的信号解调方法，将发送方所传输的信息解调出来，从而使信号可以稳定的传输。信号解调网络的损失函数定义为

$$\mathcal{L}^{\text{Rx}} = \sum_{n=1}^{N}\sum_{k=1}^{M_a} \tilde{p}_{\text{Rx},n,k} \times \log\left(p_{\text{Rx},n,k}\right) + \left(1 - \tilde{p}_{\text{Rx},n,k}\right) \times \log\left(1 - p_{\text{Rx},n,k}\right) \quad (6.15)$$

式中：$\mathcal{L}^{\text{Rx}}$ 是接收方处的判别结果反馈到发送方生成器后得到的损失函数；x_k 代表接收方数字信号调制后的信号；$\tilde{p}_{\text{Rx},n,k}$ 值为 0 或 1，即

$$\tilde{p}_{\text{Rx},n,k} = \begin{cases} 1, x_k = x_{\text{Rx},n} \\ 0, x_k \neq x_{\text{Rx},n} \end{cases} \quad (6.16)$$

6.3.2 实验结果及分析

设发送方发送给公开用户的信号为 16QAM 调制的信号，发送给隐蔽通信接收方的信号为 QPSK 调制信号。实验中，生成器和信号解调网络的隐藏层数目设置为 3，鉴别器隐藏层的数目设置为 4，序列长度 N 设置为 12。设信道为 AWGN 信道，信道系数 $h_{\text{Rx}} = h_{\text{Ev}} = 1$，信道高斯白噪声功率 $\sigma_{\text{Ev}}^2 = \sigma_{\text{Rx}}^2 = 0.01$，生成器损失函数系数 $\phi/\varphi = 500$。其他相关参数设置如表 6.2 所示。

表 6.2 参数设置

超参数	数值
信号生成网络	
全连接隐藏层数	3
全连接隐藏层神经元个数	100，200，300
训练批数量	256

（续）

超参数	数值
信号解调网络	
全连接隐藏层数	3
全连接隐藏层神经元个数	5，11，23
训练批数量	256×12
信号检测网络	
全连接隐藏层数	4
全连接隐藏层神经元个数	25，51，103，207
训练批数量	256
DNN	
全连接隐藏层数	3
全连接隐藏层神经元个数	100，200，300
训练批数量	256
所有网络相同的参数	
隐藏层激活函数	ReLU
优化器	Adam
学习率	0.00005
学习率	0.00005

图 6.8 对比了基于三方对抗生成网络（即改进 GAN）、基于幅度调制和基于 DNN 的信号生成算法的隐蔽性。其中，基于幅度调制的信号生成算法只是在发送方调整发送给接收方的信号幅值；基于 DNN 的信号生成算法则在接收方利用 DNN 代替阈值判断是否有隐蔽通信传输。

信号的隐蔽性指的是侦听方对于隐蔽通信信号的检测准确率，即

$$\mathbb{D} = 1 - \mathbb{P}_{MD} - \mathbb{P}_{FA} \tag{6.17}$$

式中：$\mathbb{P}_{MD} = 1 - \mathbb{P}(y_{\text{Ev},n}|\delta_1)$ 是漏检概率，即在有隐蔽通信的情况下信号检测网络判定无隐蔽通信行为的概率；$\mathbb{P}_{FA} = \mathbb{P}(y_{\text{Ev},n}|\delta_0)$ 是虚警概率，即在没有隐蔽通信行为的情况下信号检测网络判定有隐蔽通信行为的概率。由于发送方发送的信号序列长度有限且存在一定的随机性，信号检测网络输出的结果会在一定范围内随着训练过程不断波动，因此，本节采用 3000 次仿真实验所得检测准确率的平均值作为实验结果。从图 6.8 中可以得知，在信号调制幅度较大时，使用 DNN 的侦听端检测准确率远高于幅度调制方法下侦听端的检测准确率，说明神经网络具有更好的侦听能力。改进 GAN 的方法在侦听端使用 DNN 的情况下，

其侦听端检测准确率低于幅度调制方法下侦听端检测准确率。在信号调制幅度较小时，由于信号淹没在噪声当中，此时侦听端已没有侦听能力，但此时接收方的接收会受到影响，无法准确接收信号。

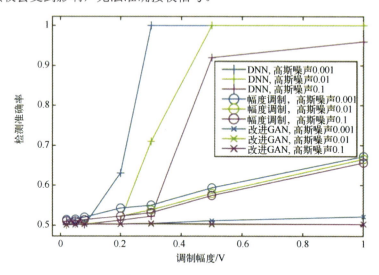

图 6.8 信号在不同噪声情况下的隐蔽性

本节基于隐蔽通信中发送方和侦听方固有的对抗特性，提出了一种基于三方生成对抗网络的波形设计方法。该方法只需将用于训练的隐蔽信号输入到神经网络中，通过多轮的网络训练，就可获得最优的信号生成网络、信号监测网络和信号解调网络。仿真结果显示基于生成对抗网络所产生的信号的隐蔽性优于传统的调制方法，即便在更优的侦听方式下仍然能保持较好的隐蔽性能。

6.4 智能多用户隐蔽通信接收机设计

6.3 节介绍了基于生成对抗网络的智能隐蔽通信波形设计。本节将从信号接收的角度进一步探讨多用户通信场景下的智能隐蔽通信接收机设计。

与传统的点到点通信不同，多用户隐蔽通信一方面需要在用户发送功率严格受限的前提下，同时满足多用户、多指标、多通信模块及多传输模式（码扩展、多天线）等复杂特性。另外，空天场景下各类通信业务对多址接入也有异质化的需求。传统的接收机优化方法正面临着由并发业务多、待设计参量多和干扰特性复杂所带来的巨大挑战。此外，传统的发送/接收分立的设计模式难以逼近空天通信系统的性能极限。

多用户通信场景下的并发隐蔽通信本质上可以被视为多个互相关联的任

务，只倾向于关注其中一个任务而忽略其他任务将导致整体通信性能不理想。多任务学习（Multi-Task Learning）技术通过计算任务分布之间的皮尔逊相关系数来量化任务之间相关性，相关任务并行学习，梯度同时反向传播，多个任务通过底层的共享表示来互相帮助学习，进而提升泛化效果，提升并发隐蔽通信传输整体性能。本节以面向多用户场景下的隐蔽通信接收机设计为目标，建立了基于深度多任务学习的多用户通信系统的端到端设计框架，并通过仿真对这一框架的有效性进行了初步的验证。随后，本节以信息论为指引探讨了接收机的神经网络结构设计，从而在满足信号隐蔽性约束的前提下实现传输准确率和吞吐量的提升。

6.4.1 基于深度多任务学习的多用户通信系统端到端设计

深度多任务学习（Deep Multi-Task Learning, D-MTL）在传统深度神经网络的基础上实现了归纳迁移，可弥补单任务学习的局限性。在 D-MTL 中，多个相关联的任务联结在一起形成共享隐层并行训练，这种共享隐层结构保证了训练过程中学习到的关于各任务的特征都能实时共享给其他任务，最终促成多个任务性能的同时提升。D-MTL 充分利用关联任务监督信号辅助学习，提高了面对多任务的泛化能力，并且多任务同时学习能够减少训练样本数目以及训练的迭代次数，使学习过程更加高效。

基于 D-MTL 的基本理念，结合多用户并发的隐蔽通信需求，构建如图 6.9 所示的非正交多址接入端到端框架；需要注意的是，本框架考虑了无线多址接入系统的复频域等效模型，省略了多载波传输波形调制解调的步骤，并忽略了载波间干扰（即假定 OFDM）等非理想因素；故本框架的核心在于构建信源数据到多载波上能够承载的符号序列的映射/拟映射。在本框架基础上引入无线通信非理想因素并无本质难度。

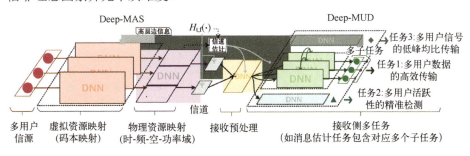

图 6.9　基于深度多任务学习的非正交多址接入端到端通用框架

为便于框架设计的阐发，考虑多用户与卫星基站间的上行多址接入过程。令第 n 个用户待传输的消息为 $s_{\text{Tx},n} \in \mathcal{S}$，该消息需经由深度多址接入特征指纹

（Deep Multiple Access Signature, Deep-MAS）映射后最终形成复数符号序列 $X_n = f_{n,\mathcal{W}_{f_n}}(s_{\text{Tx},n})$，并经过无线信道传输，其中 $f_{n,\mathcal{W}_{f_n}}(\cdot)$ 为 Deep-MAS 映射函数，$\mathcal{W}_{f_n}$ 为映射函数的对应参数。具体而言，Deep-MAS 包括虚拟资源映射（Virtual Resources，$f_{n,\mathcal{W}_{f_n}}^{\text{V}}(\cdot)$）和物理资源（Physical Resources，$f_{n,\mathcal{W}_{f_n}}^{\text{P}}(\cdot)$）两步，即

$$f_{n,\mathcal{W}_{f_n}}(\cdot) = f_{n,\mathcal{W}_{f_n}}^{\text{V}} \circ f_{n,\mathcal{W}_{f_n}}^{\text{P}} \tag{6.18}$$

其中，$\circ$ 代表映射的组合运算。注意到 $f_{n,\mathcal{W}_{f_n}}^{\text{V}}(\cdot)$ 可以根据所需占用的不同非正交域进行调整，如可将映射后的序列对应到包括时、频、空或功率域等物理资源上。最终信道模块完成信号衰减、加噪等过程，即

$$Y = H_{t,f}(X_n) \tag{6.19}$$

卫星基站接收到信号后将根据多址接入系统需求实现后继处理；不失一般性，考虑图 6.9 中的三大任务，即

任务 1：多用户数据的高效传输（隐蔽通信传输效率需求）。

任务 2：多用户活跃性的精准检测（星地低信令开销需求）。

任务 3：多用户信号的低峰均比（Peak to Average Power Ratio, PAPR）传输（星地传输需求）。

后面将详细讨论如何利用多任务的框架分别描述这些任务。为了恢复物理资源映射或剔除其他非结构因素，接收侧需要首先对信号预处理：

$$a = g_{\mathcal{W}_g^{\text{Pre}}}^{\text{Pre}}(Y) \tag{6.20}$$

式中：a 是接收侧多任务的共享特征。以多用户数据传输为例，需要设计深度神经网络结构（即多用户检测模块，Deep Multiple Users Detection, Deep-MUD）来恢复发送消息 $\hat{s}_{\text{Tx},n}$；由于存在多个用户，上述三个任务还各自包含多个子任务，每个子任务对应一个用户和一个接收侧解映射函数 $g_{n,\mathcal{W}_g^l}^l(\cdot)$，其中，$n$ 代表用户的序号，l 代表任务的种类。图 6.9 中的任务 1、任务 2 和任务 3 对应的解映射函数分别为 $g_{n,\mathcal{W}_g^1}^1(\cdot)$、$g_{n,\mathcal{W}_g^2}^2(\cdot)$ 和 $g_{n,\mathcal{W}_g^3}^3(\cdot)$。针对信号解调任务，解映射处理后的估计结果可以记作

$$\hat{s}_{\text{Tx},n} = g_{n,\mathcal{W}_g^1}^1(a) \tag{6.21}$$

利用解映射函数 $g_{n,\mathcal{W}_g^3}^3(\cdot)$，可以实现对发射端码字 $X_n^\dagger$ 峰均比的估计：

$$\hat{D} = g_{n,\mathcal{W}_g^3}^3 \circ X_n^\dagger \tag{6.22}$$

上面的各类函数可采用不同的深度神经网络进行参数化。以 $f_{n,\mathcal{W}_{f_n}}^{\text{V}}(s_{\text{Tx},n})$ 为例，

用全连接深度神经网络（Full Connect-Deep Neural Network，FC-DNN）进行参数化可得

$$f_{n,\mathcal{W}_{f_n}}^{\mathrm{V}}\left(s_{\mathrm{Tx},n}\right)l_T = \sigma_f^{l_T}\left(W_n^{l_T}\left(\sigma_f^{(l_T-1)}\cdots\sigma_f^2\left(W_n^2\sigma_f^1\left(W_n^1 s_{\mathrm{Tx},n}+b_n^1\right)+b_n^2\right)\cdots b_n^{(l_T-1)}\right)+b_n^{l_T}\right)$$
(6.23)

式中：l_T 为网络层数；$\sigma_f^l(\cdot)$ 为第 l 层的激活函数；W_n^l 和 b_n^l 分别为第 l 层的权重和偏置，参数集合 $\mathcal{W}_{f_n}=\left\{W_n^l,b_n^l,1\leq l\leq l_T\right\}$。

为了训练上述面向非正交多址接入的多任务端到端框架，需要构建代价函数 L。针对任务 1（多用户消息传输）的代价函数 L_1，现有的大部分研究采用信号估计的均方误差，即 $\left\|s_{\mathrm{Tx},n}-\hat{s}_{\mathrm{Tx},n}\right\|_2$，作为代价函数。然而可以证明，上述准则只在高信噪比下是信息论意义上最优的，在低信噪比下则偏离了最大信息传输的准则。根据前几章的讨论可知，有关信号传输隐蔽性的约束限制了接收端的信噪比。在隐蔽通信的场景下采用均方误差作为任务 1 的代价函数难以发挥深度神经网络的极致性能。因此，本节拟采用基于交叉熵（Cross-Entropy）度量的代价函数。交叉熵是 Shannon 信息论中一个重要概念，用于度量两个概率分布间的差异性信息，可以充分反映对消息的估计误差。为了利用交叉熵度量，设定 $s_{\mathrm{Tx},n}$ 具有独热码（One-Hot）表示，即

$$s_{\mathrm{Tx},n}=[0,\cdots,1,\cdots,0]^{\mathrm{T}}\in\{0,1\}^K \tag{6.24}$$

式中：K 为 $s_{\mathrm{Tx},n}$ 所组成的集合（如星座图）的维度。最后，基于交叉熵定义任务 1 的代价为

$$L_1=-\left(s_{\mathrm{Tx},n}\right)^{\mathrm{T}}\log\left(\hat{s}_{\mathrm{Tx},n}\right) \tag{6.25}$$

类似地，任务 2 的代价 L_2 也可以借助上述过程定义，不再赘述。

借助交叉熵代价函数形式，可以说明本章采用多任务架构必要性：考虑非正交多址接入系统的典型配置，即 6 个用户扩展系数为 4 的情况（150%负载）。假定每个用户一次传输 2 比特，即 $K=4$。对于系统整体而言，共有 $K^6=4096$ 种不同的情况。如果考虑在接收端采用全连接神经网络，则需要实现一个 4096 维的 Softmax 网络。然而，该网络根本无法被训练（目前图片分类的极限也仅为 1000～2000 类）。利用本章所考虑的多任务学习架构，只需要实现多个复杂度较低的独立子网络即可实现相同的功能，大大降低了网络的复杂度和训练代价。

对于任务 3（PAPR 降低），可直接采用 $L_3=\hat{D}$ 作为代价函数。至此，可以将上述端到端多任务学习的代价函数表示为

$$\min_{\mathcal{AP}} L = \omega_1 L_1 + \omega_2 L_2 + \omega_3 L_3 \tag{6.26}$$

式中：$\mathcal{AP}$ 为所有参数的集合；ω_i 为任务 i 的权重。由于无线通信有一些成熟的业务、信道模型，故可通过计算机人工生成海量数据集 $\mathcal{D} = \{\mathcal{D}_{\text{In}}, \mathcal{D}_{\text{Out}}\}$ 来完成神经网络的训练。

以上述端到端多任务学习的代价函数式（6.26）为目标，利用随机梯度下降（Stochastic Gradient Descent, SGD）等数值优化算法直接对图 6.9 中的模型进行训练可得如图 6.10 左侧所示的结果：多个任务间的平衡性很差，系统呈现显著的马太效应（Matthew Effect）。

图 6.10 非正交传输的多任务平衡原理及性能示意图

任务之间的不平衡主要体现在反向传播梯度的差异上，初步考虑可以通过调整多任务损失函数来修改反向传播梯度值，缓解任务不平衡的问题。针对 $L = \sum_i \omega_i L_i$，用 $G_W^{(i)}(t) = \left\| \nabla_W \omega_i(t) L_i(t) \right\|_2$ 表示第 i 个用户损失函数梯度的 ℓ-2 范数，$\bar{G}_W(t) = E_{task}\left[G_W^{(i)}(t) \right]$ 表示 t 时刻所有任务梯度的均值，因此第 i 个任务的梯度范数可以简化为 $G_W^{(i)}(t) \mapsto \bar{G}_W(t) \times \left[r_i(t) \right]^\alpha$。如果任务 i 训练过快，那么它的梯度 $G_W^{(i)}(t)$ 就会相应地降低，权重 ω_i 也会随之减小，通过这种方式将各个任务拉回到一个相近的训练速率，从保证公平的角度实现多用户信号检测神经网络的优化。

算法 6.1 给出了基于 D-MTL 的多用户隐蔽通信端到端模型的前向反向训练算法。

算法 6.1. 基于深度多任务学习的多用户隐蔽通信端到端模型训练算法

输入：确定网络结构 f、g，初始化网络参数 $\mathcal{W}$，训练数据集 $\mathcal{D} = \{\mathcal{D}_{\text{In}}, \mathcal{D}_{\text{Out}}\}$，学习率 η

输出：更新后的网络参数 $\mathcal{W}$

循环下述步骤直到收敛：

1. {前向传播} 根据 f、g、$\mathcal{W}$、$\mathcal{D}_{\text{In}}$ 计算损失函数 L；
2. {梯度计算} 根据 L 及多任务平衡方法计算反向传播梯度 $\nabla_W L$；
3. {反向更新} 利用 SGD/Adam 等算法更新 $\mathcal{W} \leftarrow \mathcal{W} + \eta \nabla_W L$。

根据上述算法框架和经典的全连接深度神经网络,针对符号扩展的多用户非正交多址接入系统的数据传输任务进行初步训练,得到如图 6.11 所示的结果。可以观察到,系统最终完成收敛,并且得到了具有一定规律的总和星座图,初步证明了所提出框架和算法的可实现性。

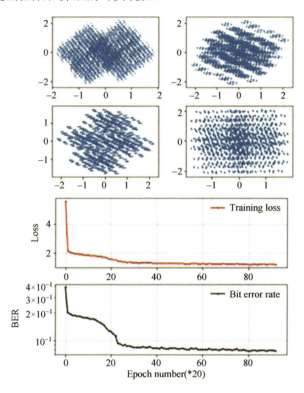

图 6.11　基于本节所研究框架和算法的初步仿真(左为总和星座图,右为总损失函数)

6.4.2　信息论阐发的通用多用户接收机设计

6.4.1 节提出基于深度多任务学习的多用户通信系统端到端设计框架,并初步验证了该框架的有效性。然而,6.4.1 节中的讨论仅限于端到端框架的搭建,并未涉及具体的接收机网络结构设计。本节将在 6.4.1 节的基础上进一步介绍如何从信息论出发进行接收机网络结构的优化。

根据多用户信息论,当信号中包含有结构的干扰信息时,显式地提取、重构并删除干扰信息可以提升有用信号的接收信噪比。考察两用户多址接入信道,为了达到其五边形容量域外界的角点,需要发端两用户叠加传输并且在收端采用 SIC 恢复两用户信号;其中 SIC 的技术核心在于视干扰为噪声(InterferenceAsNoise)和信号重构删除,可以用远低于最大似然估计的复杂度显著提升另一用户的接收信噪比。在非正交多址接入的相关研究中所提出的并行干扰删除（Parallel Interference Cancellation，PIC）、涡轮迭代（Turbo）等接收机结构，均从不同侧面利用了 SIC。

基于上述观察，为了充分利用多层信号的叠加结构，可以将多用户信息论中的干扰删除（Interference Cancellation，IC）结构引入神经网络，通过显式地提取、重构并删除干扰信息来提升有用信号的接收信噪比。根据这一思想，本节结合多任务学习的任务间信息传递关系，设计了如图 6.12 所示的基于干扰删除神经网络 (Interference Cancellation Enabled Deep Neural Network, ICNN)的 Deep-MUD。ICNN 融合了 PIC 和 SIC 的结构，在信号逐级传递当中完成多任务信息交互，并且最终实现多路接收性能的融合提升。由于 ICNN 采用的是多路信号全并行的结构，其处理时延显著低于传统的 SIC 或 Turbo 接收。

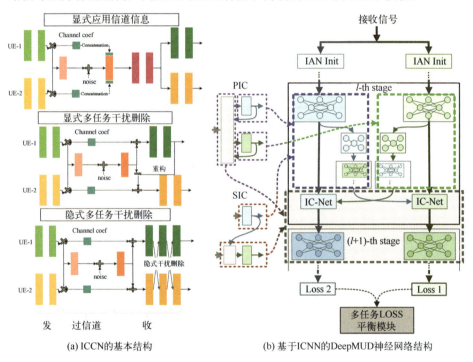

(a) ICCN的基本结构　　　(b) 基于ICNN的DeepMUD神经网络结构

图 6.12　基于干扰删除理念的 DeepMUD 设计

到此为止，本节简述了多用户智能隐蔽通信接收机设计的基本思路，根据这一思路设计的接收机有望以较低的处理时延实现多用户数据的高效传输（隐蔽通信传输效率需求），多用户活跃性的精准检测（星地低信令开销需求）和尽量低的 PAPR 特性，具有较强的普适性和可演进性。

6.5 > 智能功率控制与波束赋形

除频谱预测、波形设计和接收机设计外，人工智能技术在功率控制和波束赋形方面也具有很大的应用潜力，有望进一步提升空天平台间信号传输的隐蔽性和可靠性。

6.5.1 智能功率控制

在通信系统中，发射功率过低，会导致接收方无法正确实现解调，降低系统性能；发射功率过高会对系统的功率和频带资源造成浪费，同时有可能对同网络中的其他通信设备形成自干扰。因此，根据通信系统功能需求适时地调整发射功率，对于通信系统的性能提升极其重要。

在卫星隐蔽通信中，如果侦听方试图通过标准手段来识别通信的存在，如在每个频谱波段进行能量检测，那么发送方和接收方就有动机通过将每个频率库中的传输功率降低到最小值来隐藏通信信道的存在。根据信道编码定理可知，即使在信噪比非常低的条件下，发送方和接收方依旧能够以降低传输速率为代价建立可靠的通信信道。合理控制发射功率既可以保证收发双方通信的可靠性，也能够增强卫星通信网络的吞吐量和鲁棒性，同时可以降低监视者检测到有效通信信号的概率。因此，发射功率控制对于提升卫星隐蔽通信的可靠性和隐蔽性都至关重要。

目前，对于卫星通信网络中发射功率控制研究所需解决的问题大致可分为三类：第一类是通过分配和控制网络中各节点功率使网络速率或吞吐量达到最大化；第二类是在大动态和干扰等不理想条件下提升网络鲁棒性，使得中断概率最小化；第三类是在星地远距离的条件下控制网络延迟最小化。总而言之，隐蔽通信的目标不仅要提高传输者的通信性能，还要降低侦听方的侦测性能。

随着深度学习的发展，越来越多的人开始使用 DNN 来进行无线通信中功率控制的优化。通过不断地训练优化，深度神经网络可以逼近最优发射功率控制参数。然而，在现实环境下如何准确地获得全局信道状态信息，并根据全局信道状态信息及时调整发送功率控制策略，依然是深度神经网络或卷积神经网络等经典神经网络难以解决的难题。

针对这一挑战，研究者将深度强化学习算法引入到了发送功率控制。深度强化学习算法将深度学习的感知能力和强化学习的决策能力相结合，可以针对输入的通信环境数据，直接对发送功率进行控制。例如，文献[10]提出了一种基于无模型深度强化学习的分布式动态功率分配方案，在考虑 CSI 延迟的前提下，能够实现接近最优的实时功率分配方案。为了解决功率控制中的高维问题，文献[11]基于深度强化学习的变种算法——异步的优势行动者评论家算法（Asynchronous Advantage Actor-Critic，A3C），设计了一种针对频谱共享场景的功率控制方法，在加快网络收敛性的同时，提高了能量效率。文献[12]提出用深度强化学习算法来减少信号强度（Received Signal Strength，RSS）随机变化所带来的影响，优化发射功率控制，从而保证网络中用户的服务质量。

由于人工智能技术目前主要是应用在传统的无线通信网络之中，因此如何运用人工智能技术实现通信信号隐蔽性的提升还有待进一步的研究。

6.5.2 智能波束赋形

相控阵天线在发射状态时，凭借着其灵活的波束成形技术可以产生高增益低旁瓣电平的波束，使得卫星信号不易被敌方截获；在接收状态时，也可以自适应地将方向图零点对准干扰方向，在保证期望方向上的信号增益不受影响的同时，能够减少对接收信号的干扰并将误差控制在最小。近年来，关于人工智能技术在相控阵天线波束赋形方面的应用引起了学术界和业界的广泛关注。

在相控阵天线阵列信号处理中，波束成形的任务是从天线阵列重构源信号。然而，传统的基于线性代数的波束成形算法需要大量的矩阵求逆运算，计算量大，实时性差。近年来，神经网络与波束成形技术逐渐结合，能够实现对波束成形网络更加灵活、快速、可靠的控制方式。例如，文献[13]在给定所需的二维辐射模式下，利用神经网络计算合成复杂辐射模式的天线阵列相位。文献[14]通过训练深度神经网络来逼近多天线通信网络中的能量波束成形向量的最优解。与线性规划、凸优化等传统算法相比，基于深度神经网络的波束成形算法具有高度的异步并行处理能力、较强的容错能力和函数逼近能力。

此外，相控阵天线设计过程中产生的各种误差将导致相控阵天线单元的初始相位不一致，需要将每个单元的初始幅相校准到同一水平才能实现更佳的波束赋形性能。随着对相控阵天线性能要求的不断提高，相控阵校准技术也在不断发展。主要的校准方法有线性矩阵求逆法、互耦校准法、正交编码校准法等。然而，传统校准方法的测量速度较慢，无法适应通信环境快速变化的空天通信场景。深度神经网络可以通过训练相控阵天线校准数据，形成天线校准模型，可以快速地依据通信环境校准相控阵天线幅相。例如，文献[15]基于卷积和多层感知器神经网络设计了一种振幅测量和相控阵校准策略，在不同的信噪比条件下估计了相控阵接收机在不同射频路径上的相位校准系数，在保证波束成形精度的同时，能够快速地减小信噪比变化所带来的影响；文献[16]基于神经网络的数字波束成形算法，能够在天线组件制造不完善、性能下降或出现故障的情况下降低信号衰减。

人工智能与相控阵天线波束赋形的结合有望改善信号的发送和接收，从而提升空天通信的可靠性和隐蔽性。

6.6 本章小结

本章主要介绍了智能隐蔽通信的若干关键技术。首先阐述了深度学习与智能通信的内在关联，分析了人工智能技术助力低时延、高并发空天隐蔽通信的可行性。在此基础上，基于长短期记忆网络设计了一种智能频谱预测算法，初探了深度学习在频谱感知的应用潜力。继而，从信号生成和信号接收两个维度，分别提出了基于三方生成对抗网络的隐蔽通信波形设计和基于多用户隐蔽通信接收机设计，展示了深度学习能够在提高信号隐蔽性的同时，有效实现传输准确率和吞吐量的提升。最后，从智能功率控制和智能波束赋形两个方面探讨了空天智能隐蔽通信的潜在关键技术，可为智能隐蔽通信技术的未来发展提供启迪。

参 考 文 献

[1] 5G White Paper: Wireless Big Data and AI for Smart 5G & Beyond[R]. Future Mobile Communication Forum, 2018.

[2] Nishani E, Çiço B. Computer Vision Approaches Based on Deep Learning and Neural Networks: Deep Neural Networks for Video Analysis of Human Pose Estimation[C]// Mediterranean Conference on Embedded Computing, 2017:1-4.

[3] Qin Z, Ye H, Li G Y, et al. Deep Learning in Physical Layer Communications[J]. IEEE Wireless Communications, 2019, 26(2):93-99.

[4] O'Shea T J, Roy T, West N, et al. Physical Layer Communications System Design Over-the-Air Using Adversarial Networks[C]// European Signal Processing Conference, 2018: 529-532.

[5] Nachmani E, Be'ery Y, Burshtein D. Learning to Decode Linear Codes Using Deep Learning[C]// Annual Allerton Conference on Communication, Control, and Computing, 2016:341-346.

[6] Nachmani E, Marciano E, Burshtein D, et al. RNN Decoding of Linear Block Codes[OL]. 2017, Available: http://arxiv.org/abs/1702.07560.

[7] Zhang Q, Guo H, Liang Y, et al. Constellation Learning-Based Signal Detection for Ambient Backscatter Communication Systems[J]. IEEE Journal on Selected Areas in Communications, 2019, 37(2):452-463.

[8] Song P, Gong F, Li Q, et al. Signal Detection for Faster than Nyquist Transmission Based on

Deep Learning[OL]. 2018, Available: https://arxiv.org/abs/1811.02764v1.

[9] O'Shea T, Hoydis J. An Introduction to Deep Learning for the Physical Layer[J]. IEEE Transactions on Cognitive Communications and Networking, 2017, 3(4):563-575.

[10] Nasir Y S, Guo D. Multi-Agent Deep Reinforcement Learning for Dynamic Power Allocation in Wireless Networks[J]. IEEE Journal on Selected Areas in Communications, 2019, 37(10):2239-2250.

[11] Zhang H, Yang N, Huangfu W, et al. Power Control Based on Deep Reinforcement Learning for Spectrum Sharing[J]. IEEE Transaction on Wireless Communications, 2020, 19(6):4209-4219.

[12] Li X, Fang J, Cheng W, et al. Intelligent Power Control for Spectrum Sharing in Cognitive Radios: A Deep Reinforcement Learning Approach[J]. IEEE Access, 2018,6: 25463-25473.

[13] Lovato R, Gong X. Phased Antenna Array Beamforming Using Convolutional Neural Networks[C]// IEEE International Symposium on Antennas and Propagation and USNC-URSI Radio Science Meeting, 2019,1247-1248.

[14] Hameed I, Tuan P V, Koo I. Deep Learning-Based Energy Beamforming with Transmit Power Control in Wireless Powered Communication Networks[J]. IEEE Access, 2021,9:142795-142803.

[15] Sarayloo Z, Masoumi N, Shahi H, et al. A Convolutional Neural Network Approach for Phased Array Calibration Using Power-Only Measurements[C]// Iranian Conference on Electrical Engineering, 2020, 1-6.

[16] Southall H L, Simmers J A, O'Donnell T H. Direction Finding in Phased Arrays with a Neural Network Beamformer[J]. IEEE Transactions on Antennas and Propagation, 1995, 43(12):1369-1374.

第7章 展望

随着世界各国对空天资源的竞争日趋激烈，空天平台所处的物理与电磁环境正变得越来越拥挤。各国空天地海各类有人/无人平台间的融合互通为空天隐蔽通信系统带来了立体、泛在、持续的信号侦测和干扰威胁。为了保障我方人员和装备在新形势下高安全的通信需求，有必要从空天通信网络的整体出发，联合算法、功能和器件等多个维度，探究隐蔽通信方案设计的新思路与新方法。围绕隐蔽通信的新需求，本章按照算法设计到硬件实现的顺序，从极低信噪比下的信号接收、大容量隐蔽通信、基于态势感知的隐蔽通信、网络化隐蔽通信和空天隐蔽通信专用处理芯片等方面，对隐蔽通信系统和方案设计进行了初步的探讨。

7.1 极低信噪比下的信号接收

由前几章的内容可知，发射功率的降低能够有效地减小信号被侦测的概率。然而，由空天场景下广域、远距离信号传输所引起的路径损耗对隐蔽通信信号的接收带来了巨大的挑战，亟需探究极低信噪比下的信号接收方法。为达成这一目标，一方面可以从信号处理的角度探索多平台协作接收与捕获技术；另一方面，精密原子传感技术的发展也为极低信噪比下的隐蔽通信信号接收带来了新的思路。

里德堡原子传感器是精密原子传感技术中最具代表性的技术之一，其利用高激发态原子的电磁感应透明和 Autler-Townes 分裂效应实现对空间电磁场的超灵敏广谱探测。与现有技术相比，里德堡原子传感器可以在极宽频谱范围（DC 至 THz）内实现数量级的灵敏度提升。目前，美国已经开展了多项基于里德堡原子传感器的无线信号接收机的研究。2018 年，美国里德堡科技公司展示了基于里德堡原子的 AM/FM 原子接收机。2019 年，美国国家标准技术研究院（NIST）首次公开了基于里德堡原子的 AM/FM 多频段接收机。2021 年，NIST 首次将原子接收机进行通信实验，实现了对 5 种调制信号的解调接收。2021 年

8月ColdQuanta（量子科技公司）获得美国国防部高级研究计划局（DARPA）的量子孔径计划资助，研发完整的里德堡原子射频（RF）传感器系统，以支持美国国防部在军事通信、雷达和电子战等方向的应用。此外，国内学者也在积极开展基于里德堡原子的电磁测量方面的研究。2021年，国防科技大学通过全光学手段测量了不同频率微波对碱金属原子里德堡能级的扰动，成功在室温下实现1~40 GHz的超宽带微波信号测量。

基于精密原子传感的信号接收技术有望在频谱范围、灵敏度等性能参数上取得突破性和颠覆性的进展，使得进一步提升通信信号的隐蔽性和可靠性成为可能。

7.2 大容量空天隐蔽通信技术

在空天隐蔽通信中，卫星星群与飞行器等平台间的协同交互要求超高数据速率的空间通信能力，亟须发展大容量隐蔽通信技术。太赫兹频段通信带宽大、波束方向性强、抗干扰能力强，在大容量隐蔽通信方面具有独特的优势。美国等发达国家十分重视太赫兹通信技术的发展与规划，例如DARPA制订了"太赫兹作战延伸后方（THOR）"计划，研发和评估了一系列可用于太赫兹移动通信系统的技术，旨在将宽带通信延伸到战区。与传统的微波链路相比，THOR系统不仅设备尺寸、重量、功耗、成本都显著降低，而且数据速率提高了近40倍。率先发展太赫兹隐蔽通信技术对于我国争夺空间频谱优先权具有重要意义。

由于严重的路径衰落与分子吸收衰落，太赫兹信号无法传播到远处侦听站，因此远距离侦听方难以在通信途中探测、截取、阻塞或干扰传输信号。此外，为克服太赫兹信号传播中严重的路径衰落，太赫兹通信一般采用能量集中、方向性强的窄波束来提高波束增益，这种强方向性使得目标扇区区域之外的侦听方难以进行探测，有利于实现空天平台间隐蔽的信号传输。尽管太赫兹频段在隐蔽通信方面具有独特的优势，但其在隐蔽通信中的应用仍有待进一步的研究。一方面，太赫兹隐蔽通信的基本理论，包括准确的太赫兹隐蔽通信系统模型、太赫兹信道模型以及侦听方的能力描述等，尚不完善。这些基本原理的建立和分析需要充分考虑太赫兹信号独特的传播特性，包括太赫兹的宽带波束分裂特性、距离-频率依赖性、脉冲波形的应用等。另一方面，太赫兹通信系统的硬件设计仍面临诸多挑战。例如，空天太赫兹隐蔽通信面临着发射功率有限、链路衰减严重、平台资源受限等挑战，系统亟需高灵敏、小型化的射频接收前端来解决空间微弱信号的检测问题。高温超导接收技术具有低噪声、低功耗、瞬时响应快与系统轻巧等综合优势，是空间太赫兹通信应用场景中一种极具潜力的技术途径。利用高温超导接收技术有望实现噪声系数 3 dB、带宽 15 GHz 的超灵敏小型化太赫兹超导接收机。

太赫兹隐蔽通信技术有望满足未来空天平台间的大容量隐蔽通信需求，但其发展目前仍处于起步阶段，面临着诸多挑战。太赫兹隐蔽通信技术的研究与开发必须充分考虑太赫兹信号独特的传播特性以及太赫兹硬件元器件的限制，从而实现空天平台间稳定的大容量隐蔽通信。

7.3 基于态势感知的隐蔽通信

隐蔽通信是合法用户与侦听方双方博弈的斗争过程。传统的隐蔽通信方案通常没有考虑侦听方的状态，因此无法根据侦听方的特点进一步提升隐蔽通信性能。若合法用户能够根据侦听方的状态及时调整自身的通信和抗干扰策略，则有利于其掌握隐蔽通信中的主动权，在降低信号被侦测概率的同时提升通信链路的稳定性。因此，在设计隐蔽通信方案时考虑侦听方状态至关重要。

态势感知指的是空天平台利用自身的先验知识和物理/电磁环境感知能力获取关于侦听节点分布及其信号侦测方式、信号侦听灵敏度、干扰节点分布等状态信息的过程。通过态势感知，合法用户能够根据侦听节点状态信息，设计隐蔽通信方案。在基于态势感知的隐蔽通信方案设计中，一方面需要为空天平台设计合理的感知策略，另一方面需要从感知数据中得到有效信息。合理的感知策略是获取侦听方状态信息的前提。在为空天平台设计感知策略时，可以考虑根据卫星、无人机等空天平台的覆盖范围和工作时间，同时结合历史数据，设计时空全覆盖的感知策略。然而，考虑到高速移动的空天平台和小体积的侦听节点，亟需设计能够满足高动态高分辨率要求的感知策略。从感知数据中提取有效信息是基于态势感知设计隐蔽通信方案的关键。可以考虑利用人工智能、大数据等方法，提取出与侦听节点分布及其信号侦测方式、信号侦听灵敏度等相关的状态信息，并根据这些状态信息设计隐蔽通信方案。然而，在对侦听方进行态势感知时，感知数据来源广、数据量大，亟需设计能够从海量感知数据中提取侦听节点状态的信息处理方法。此外，当隐蔽通信中的发送方不位于空天平台时，如何将空天平台获得的感知信息与合法用户进行快速、可靠交互，也有待进一步的研究。

在对抗日趋激烈的空天场景下，如何高效地获取侦听方的状态信息并进行相应的通信方案设计，对提升空天平台的隐蔽通信能力十分重要。

7.4 网络化隐蔽通信

随着各类空天平台数量的大幅增加及各平台间的互联互通，侦听方能够通过多平台协作的方式对隐蔽通信信号进行截获、分析处理和干扰压制来实现制电磁权和制信息权的争夺。空天隐蔽通信系统未来将面临着全方位、持续性的信号侦测与干扰压制威胁，仅凭借单个平台有限的通信、感知与计算能力已经难以保证信号的隐蔽、可靠传输。空天通信系统必须通过多平台的协同接收、协作抗扰和信息共享实现信号传输隐蔽性和信号接收有效性的全方位提升。因此，空天隐蔽通信未来的基本对抗模式必将由传统的以平台自身抗衰落、抗侦测、抗干扰能力为基础的单点对抗转变为以多平台协作为基础的网络体系对抗。

虽然现有的工作已经围绕多平台协作展开了初步的讨论，但是现有工作主要集中在信号层面的隐蔽通信和抗干扰方案设计，缺乏通信网络层面的考虑。面对立体、泛在的安全威胁，亟需从空天通信网络的整体出发探究基于多平台协作的网络化隐蔽通信方案设计，通过高效利用各类空天平台异构的通信、感知、计算、存储与运动能力，实现隐蔽通信策略与瞬息万变的对抗环境的最优适配。网络化隐蔽通信方案设计一方面需要考虑频谱和侦听设备分布等态势信息的获取与融合，另一方面需要探究如何利用得到的态势信息进行隐蔽通信方案设计。高效的动态跨域协同感知机制是实现快速、精准态势感知的基础。该机制需要能够根据节点的位置分布和任务需求动态整合各类空天平台的感知能力，并利用各平台的信息处理能力完成多模态的感知信息的提取与融合。此外，为保证感知信息的有效性，各平台间需要建立统一的时间基准。然而，在空天平台所处的强对抗环境中，外部授时信号极易受到破坏和干扰，亟需高动态场景下弱外部依赖的自主时间同步技术来克服大多普勒频偏和强时变网络拓扑的影响，实现空天平台间的精密时间基准传递和快速时间基准分发。

在隐蔽通信策略方面，如何根据感知到的态势信息自适应地选择参与协作的空天平台和平台间的协作方式是实现隐蔽通信的关键。隐蔽通信方案可以根据空天平台与侦听设备的相对位置关系决定该平台在隐蔽通信过程中所扮演的角色，如发射机、干扰机和中继节点等。同时，隐蔽通信方案可以根据侦听节点的分布来选择采样级、符号级或算法级的协作方式。例如，当环境中分布有大量的侦听节点时，空天平台应当采用算法级的协作方式来降低平台间的数据交互量，使得空天平台能够以较小的发送功率实现协作传输和接收，从而减小平台间通信信号暴露的可能性。

随着空天科技与通信技术的发展，世界各科技强国在空天领域的争夺日趋激烈，及时开展网络化隐蔽通信的相关研究对于维护国家安全、保障国家利益具有重要意义。

7.5 空天隐蔽通信专用处理芯片

空天平台载荷的体积、重量、功耗和算力均高度受限。以卫星为例，载荷重量每增加 1kg，用于发射卫星的火箭起飞推力就要增加 40kg 以上。此外，卫星平台装载能力也是固定的，载荷功耗的增加会严重影响卫星寿命。星上载荷的计算能力更是受限于宇航级器件，达不到地面算力的 1%。上述限制将会严重制约隐蔽通信方案在空天领域的应用，亟需为空天隐蔽通信开发专用的信号处理芯片。

降阶信号处理算法和高效信号处理架构是提升芯片信号处理能力的关键。降阶信号处理的核心思想是在计算和存储受限前提下对信号进行降维表征和处理，力求实现从矩阵变量到向量变量、从矩阵运算到向量运算、从高维向量到低维向量、从高阶函数到初等函数、从超越函数到代数函数、从连续变量到离散变量、从数值解到解析解的一系列降阶操作。另外，高效信号处理架构能够实现计算任务与硬件资源间的最佳适配，从而解决空天平台能耗受限和计算能力不足的难题。一种思路是依据数据吞吐量和运算密度将复杂信号处理算法进行聚类分集：为信号同步和参数估计等"高吞吐量+低密度"运算模块设计分布式资源池，构建若干个同构处理支路实现全协作并行处理；而对信号解调和信道编译码等"低吞吐量+高密度"运算模块则设计批处理资源池，通过"以快打慢"实现同类运算模块的复用。

7.6 本章小结

本章结合空天通信系统所面临的电磁对抗新形势探讨了空天隐蔽通信的发展趋势与潜在技术方案，重点阐述了对抗化、网络化的设计理念和新兴科技对空天隐蔽通信技术的影响。